Werkstofftechnische Berichte | Reports of Materials Science and Engineering

Reihe herausgegeben von

Frank Walther, Lehrstuhl für Werkstoffprüftechnik (WPT), TU Dortmund, Dortmund, Nordrhein-Westfalen, Deutschland

In den Werkstofftechnischen Berichten werden Ergebnisse aus Forschungsprojekten veröffentlicht, die am Lehrstuhl für Werkstoffprüftechnik (WPT) der Technischen Universität Dortmund in den Bereichen Materialwissenschaft und Werkstofftechnik sowie Mess- und Prüftechnik bearbeitet wurden. Die Forschungsergebnisse bilden eine zuverlässige Datenbasis für die Konstruktion, Fertigung und Überwachung von Hochleistungsprodukten für unterschiedliche wirtschaftliche Branchen. Die Arbeiten geben Einblick in wissenschaftliche und anwendungsorientierte Fragestellungen, mit dem Ziel, strukturelle Integrität durch Werkstoffverständnis unter Berücksichtigung von Ressourceneffizienz zu gewährleisten.
Optimierte Analyse-, Auswerte- und Inspektionsverfahren werden als Entscheidungshilfe bei der Werkstoffauswahl und -charakterisierung, Qualitätskontrolle und Bauteilüberwachung sowie Schadensanalyse genutzt. Neben der Werkstoffqualifizierung und Fertigungsprozessoptimierung gewinnen Maßnahmen des Structural Health Monitorings und der Lebensdauervorhersage an Bedeutung. Bewährte Techniken der Werkstoff- und Bauteilcharakterisierung werden weiterentwickelt und ergänzt, um den hohen Ansprüchen neuentwickelter Produktionsprozesse und Werkstoffsysteme gerecht zu werden.

Reports of Materials Science and Engineering aims at the publication of results of research projects carried out at the Chair of Materials Test Engineering (WPT) at TU Dortmund University in the fields of materials science and engineering as well as measurement and testing technologies. The research results contribute to a reliable database for the design, production and monitoring of high-performance products for different industries. The findings provide an insight to scientific and applied issues, targeted to achieve structural integrity based on materials understanding while considering resource efficiency.
Optimized analysis, evaluation and inspection techniques serve as decision guidance for material selection and characterization, quality control and component monitoring, and damage analysis. Apart from material qualification and production process optimization, activities concerning structural health monitoring and service life prediction are in focus. Established techniques for material and component characterization are aimed to be improved and completed, to match the high demands of novel production processes and material systems.

Moritz Hemmerich

Entwicklung und Validierung eines Prüfverfahrens zur Photodegradation von (Bio-)Kunststoffen unter statischer und dynamischer optischer Belastung

Moritz Hemmerich
Lippstadt, Deutschland

Veröffentlichung als Dissertation in der Fakultät für Maschinenbau der Technischen Universität Dortmund.
Promotionsort: Dortmund
Tag der mündlichen Prüfung: 20.02.2023
Vorsitzender: Prof. Dr. Ulrich Handge
Erstgutachter: Prof. Dr.-Ing. habil. Frank Walther
Zweitgutachter: Prof. Dr. rer. nat. Jörg Meyer
Mitberichter: Prof. Dr. rer. silv. habil. Cordt Zollfrank

ISSN 2524-4809 ISSN 2524-4817 (electronic)
Werkstofftechnische Berichte | Reports of Materials Science and Engineering
ISBN 978-3-658-41830-4 ISBN 978-3-658-41831-1 (eBook)
https://doi.org/10.1007/978-3-658-41831-1

Die Deutsche Nationalbibliothek verzeichnet diese Publikation in der Deutschen Nationalbibliografie; detaillierte bibliografische Daten sind im Internet über http://dnb.d-nb.de abrufbar.

Planung/Lektorat: Carina Reibold
Springer Vieweg ist ein Imprint der eingetragenen Gesellschaft Springer Fachmedien Wiesbaden GmbH und ist ein Teil von Springer Nature.
Die Anschrift der Gesellschaft ist: Abraham-Lincoln-Str. 46, 65189 Wiesbaden, Germany

Geleitwort

Die Forschungsaktivitäten des Lehrstuhls für Werkstoffprüftechnik an der Technischen Universität Dortmund umfassen die Beständigkeitsprüfung von Kunststoffen, die in Beleuchtungssystemen z. B. als Linsen, Abschlussscheiben oder Lichtleiter Verwendung finden. Vor dem Hintergrund einer nachhaltigen Entwicklung im Bereich der Beleuchtungstechnik ist es essentiell, die Lebensdauer der optischen Komponenten zu optimieren. Die LED hat sich in Beleuchtungssystemen aufgrund des effizienten langlebigen Betriebs als Leuchtmittel durchgesetzt. Die hohen Bestrahlungsstärken erfordern eine genaue Untersuchung von deren Auswirkungen auf die Kunststoffkomponenten.

Im Rahmen dieser Forschungsarbeit in Kooperation mit der Hochschule Hamm-Lippstadt wurde ein neues ganzheitliches Prüfverfahren entwickelt, das die Photodegradation von Materialien unter dem Einfluss von blauer LED-Strahlung in zeitgeraffter Weise simuliert. Eine Besonderheit besteht darin, dass die Proben während des Versuchs unabhängig von der eingebrachten LED-Strahlungsleistung temperiert werden können. Neben der Beständigkeitsprüfung von etablierten Kunststoffen, die auf fossilen Rohstoffen basieren und biologisch nicht abbaubar sind, steigt im Sinne der Nachhaltigkeit das Interesse an alternativen Kunststoffen für optische Anwendungen, d. h. Bio-Kunststoffen, die auf nachwachsenden Rohstoffen basieren und biologisch abbaubar sind. Einen besonders vielversprechenden Kandidaten stellt der Bio-Kunststoff Polylactid dar, der aufgrund seiner hervorragenden optischen Eigenschaften überzeugt. Zur Bewertung der Eignung von Polylactid in optischen Systemen wird dessen Beständigkeit gegenüber optischer Belastung mit dem neuen Verfahren analysiert.

Die Ergebnisse der Arbeit tragen dazu bei, erstmalig die Einsatzfähigkeit des Bio-Kunststoffs im Bereich der Beleuchtungstechnik zu prüfen und auf Basis von spektroskopischen, chromatographischen und mechanischen Analyseergebnissen mit etablieren Kunststoffen zu vergleichen. Anhand von dynamisch-optischen Belastungsszenarios können zudem Erkenntnisse gewonnen werden, die eine generelle Einsatzdauerverlängerung von Kunststoffkomponenten ermöglichen.

Dortmund
April 2023

Frank Walther

Vorwort

You measure the size of the accomplishment by the obstacles you have to overcome to reach your goals.
— Booker T. Washington

Mit der Fertigstellung der vorliegenden Forschungsarbeit gehen über vier sehr aufregende Jahre zu Ende. Rückblickend betrachtet waren diese Jahre sehr fordernd und mit einigen Hindernissen versehen, jedoch auch sehr gewinnbringend für meine persönliche Entwicklung und mit vielen freudigen Momenten gespickt.

Die Arbeit entstand im Rahmen meiner Tätigkeit als Wissenschaftlicher Mitarbeiter im Fachbereich Photonik und Materialwissenschaften an der Hochschule Hamm-Lippstadt. Die Forschungsinhalte wurden in Kooperation mit dem Lehrstuhl für Werkstoffprüftechnik (WPT) der Technischen Universität Dortmund erarbeitet. An dieser Stelle möchte ich mich bei allen Personen, die mich während dieser Zeit unterstützt und zum Gelingen dieser Arbeit beigetragen haben, herzlich bedanken. An erster Stelle möchte ich mich bei Professor Dr.-Ing. habil. Frank Walther für die engagierte und motivierende Betreuung bedanken. Die regelmäßigen und inhaltlich wertvollen Diskussionen haben diese Dissertation entscheidend mitgestaltet. Ein besonderer Dank gilt auch Professor Dr. rer. nat. Jörg Meyer, Leiter des Fachbereichs Photonik und Materialwissenschaften an der Hochschule Hamm-Lippstadt, der dieses Forschungsvorhaben durch sein persönliches Engagement ermöglicht hat. – Ich bedanke mich für die hervorragende fachliche Betreuung sowie die vertrauensvolle Zusammenarbeit. Weiterhin bedanke ich mich bei Professor Dr. rer. silv. habil. Cordt Zollfrank, Leiter des Lehrstuhls für Biogene Polymere der Technischen Universität München und Professor Dr. Ulrich Handge, Leiter des Lehrstuhls für Kunststofftechnologie der Technischen Universität Dortmund, für die Mitwirkung in meiner Prüfungskommission. Ein besonderer Dank gilt auch Dr.-Ing. Ronja Scholz für die ausgezeichnete Zusammenarbeit und die hilfreichen Gespräche während der gesamten Promotionszeit sowie ihre Hilfe bei den Vorbereitungen zu meiner Promotionsprüfung. Ich möchte mich auch bei den weiteren Kolleginnen und Kollegen des WPT, besonders bei Selim Mrzljak, für die Unterstützung während meines Forschungsaufenthalts bedanken.

Weiterer Dank gilt meinen Kolleginnen und Kollegen an der Hochschule Hamm-Lippstadt für die Unterstützung und die angenehme Zusammenarbeit. Namentlich möchte ich hier Frank Tappe und Matthias Kesting danken. Ich bedanke mich bei allen meinen Freunden, vor allem bei Marvin, Felix und Kerst, die mir auch an den Wochenenden durch erfrischende Gespräche geholfen haben den Kopf wieder frei zu bekommen. Abschließend gilt mein wärmster Dank meiner ganzen Familie und meiner Partnerin: Ich bedanke mich bei meinen Eltern Simone und Heiner und meinen Großeltern Rita Maria und Helmut für den immerwährenden Beistand und die Ermunterung während der gesamten Zeit. Meiner Partnerin Sinja danke ich nicht zuletzt für ihre mentale Hilfe, ihre unendliche Geduld und ihr Verständnis, vor allem während schwieriger Phasen der Promotion.

Lippstadt
April 2023

Moritz Hemmerich

Kurzfassung

Der Einfluss von UV- bzw. Solarstrahlung auf Werkstoffe ist ein seit vielen Jahren intensiv erforschtes Feld. Die absorbierte Strahlung führt zu Alterungsprozessen in den Materialien, die sich im Allgemeinen durch eine Verschlechterung der physikalischen und optischen Eigenschaften ausdrücken. Besonders anfällig für diese Abbauprozesse sind Kunststoffe. Zur Bewertung der Beständigkeit und Vorhersage der Lebensdauer von Kunststoffen im Außenbereich werden standardisierte Prüfverfahren und spezielle kommerziell verfügbare Prüfkammern zur zeitgerafften Simulation der Alterung verwendet. Neben diesen klassischen Alterungsversuchen unter UV-Strahlung besteht ein zunehmendes Interesse an der Bewertung der Beständigkeit von Kunststoffen, die hohen Bestrahlungsstärken aus dem sichtbaren Wellenlängenbereich ausgesetzt sind. Für diese Untersuchungen wurden in den letzten Jahren vereinzelt experimentelle Testaufbauten beschrieben, allerdings mangelt es in diesem Bereich an einem ganzheitlichen und standardisierten Prüfverfahren. Aus diesem Grund wird im Rahmen dieser Arbeit ein bedarfs- und anforderungsorientiertes Prüfverfahren entwickelt und validiert. Das neu entwickelte Prüfverfahren namens *Monitored Liquid Thermostatted Irradiation Setup* ermöglicht es, durch die Verwendung einer blauen Hochleistungs-LED, Photodegradationseffekte in stark beschleunigter Weise zu simulieren. Durch das innovative Design des Prüfverfahrens ist darüber hinaus erstmalig eine Temperaturkontrolle der Proben unabhängig von der eingebrach ten Strahlungsleistung der LED möglich, sodass Alterungsversuche bei hohen Bestrahlungsstärken und dennoch geringen Probentemperaturen durchgeführt werden können. Zudem wird eine umfangreiche Evaluation aller Alterungsparameter vorgenommen. Durch eine zusätzliche Überwachung der Betriebsparameter können somit nachvollziehbare und vergleichbare Alterungsversuche durchgeführt werden. Mit diesem Prüfverfahren steht eine neue umfassende Methode zur Bewertung der Beständigkeit von Materialien gegenüber sichtbarer Strahlung zur Verfügung.

Veränderungen der optischen Eigenschaften von Kunststoffkomponenten sind speziell in dem Bereich der Beleuchtungstechnik sehr relevant, da u.a. eine Verschlechterung der Transmission (Vergilbung) in vielen Fällen zu einem frühzeitigen Ausfall des gesamten Systems führen kann. Aufgrund der LED-Technologie sind die Komponenten zudem zunehmenden Bestrahlungsstärken ausgesetzt. Darüber hinaus wächst das Interesse an der Verwendung von Kunststoffkomponenten auf Basis nachwachsender Rohstoffe, da nicht zuletzt vor dem Hintergrund des Klimaschutzes, der massenhafte Gebrauch von Kunststoffen, die auf begrenzt verfügbaren fossilen Rohstoffen basieren, stark in der Kritik steht. Die Gewinnung dieser Rohstoffe und die anschließende Herstellung der Kunststoffe sind energieintensiv und führen zur Emission von Treibhausgasen. Weiterhin können viele Kunststoffe nicht nachhaltig recycelt und wiederverwertet werden und enden daher vielfach als Mikroplastik in den Weltmeeren. Daher sind viele Industriebereiche bestrebt, Kunststoffe, die petrochemisch hergestellt werden, zu substituieren. Zur Förderung einer ganzheitlichen, zukunftsfähigen und nachhaltigen Entwicklung in der Beleuchtungstechnik ist es daher wichtig, neben etablierten optischen Kunststoffen mögliche Alternativen wie Bio-Kunststoffe hinsichtlich der Beständigkeit gegenüber blauer LED-Strahlung zu überprüfen. Eine Option könnte Polylactid sein, das ausschließlich auf nachwachsenden Rohstoffen basiert und biologisch abbaubar ist. Darüber hinaus weist Polylactid im amorphen Zustand hervorragende optische Eigenschaften auf. Aus diesem Grund wird in dieser Arbeit neben dem etablierten optischen Kunststoff Polycarbonat zusätzlich der Bio-Kunststoff Polylactid mithilfe des neuen Prüfverfahrens in zeitgeraffter Weise getestet. Zur Analyse von Alterungserscheinungen werden spektroskopische, chromatographische und mechanische Methoden verwendet.

Die Ergebnisse der Arbeit zeigen, dass Polylactid im Vergleich zu Polycarbonat weitestgehend stabil gegenüber blauer LED-Strahlung ist. Somit kann Polylactid unter bestimmten Bedingungen eine nachhaltige Alternative für optische Komponenten in Beleuchtungssystemen darstellen. Der limitierende Faktor für die Verwendung von Polylactid in Beleuchtungssystemen mit hohen Anforderungen ist jedoch dessen geringe Kristallisationstemperatur, oberhalb welcher Polylactid für optische Anwendungen unbrauchbar wird. Zudem kann erstmals gezeigt werden, dass Polycarbonat bereits bei niedrigen Temperaturen (Umgebungstemperatur) Alterungserscheinungen aufweist, die die Verwendbarkeit in optischen Systemen beeinflussen können. Zusätzlich zur statischen Bestrahlung werden die Auswirkungen von dynamischer Bestrahlung mit einer praxisüblichen Frequenz und verschiedenen Pulsweiten auf Polycarbonat untersucht. Es zeigt sich, dass pulsweitenmodulierte Strahlung im Vergleich zur kontinuierlichen Bestrahlung einen positiven Effekt auf die Beständigkeit des Materials hat. Diese Ergebnisse bieten einen möglichen Ansatz, die Lebensdauer optischer Komponenten durch einen dynamischen anstelle eines statischen Betriebs der LED zu verlängern. Weiterhin ermöglicht eine neuentwickelte und zum Patent angemeldete Messmethode die Detektion von Schwingungen in Materialoberflächen, die durch gepulste LED-Strahlung induziert werden. Diese Messungen sind grundlegend für künftige Untersuchungen von photomechanischen Auswirkungen auf optisch beanspruchte Bauteile. Zudem können die Erkenntnisse zur Entwicklung einer neuen allgemeinen Prüfmethode zur kontaktlosen und hochfrequenten dynamischen Schwingprüfung genutzt werden.

Abstract

The influence of UV- or solar radiation on materials has been the subject of intensive research for many years. The absorbed radiation leads to aging processes in the materials, which are generally expressed by a deterioration of the physical and optical properties. Plastics are particularly susceptible to these degradation processes. To evaluate the durability and predict the service life of outdoor plastics standardized test methods and special commercially available test chambers are used to simulate aging over time. In addition to these conventional aging tests under UV-radiation there is an increasing interest in evaluating the durability of plastics exposed to high irradiances from the visible wavelength range. Experimental test setups for these investigations have been described sporadically in recent years, but there is a lack of a holistic and standardized test method in this area. For this reason, a demand- and requirement-oriented test method is developed and validated within the scope of this work. The newly developed test method called *Monitored Liquid Thermostatted Irradiation Setup* allows to simulate photodegradation effects in a strongly accelerated manner by using a blue high-power LED. Furthermore, the innovative design of the test method enables for the first time a temperature control of the samples independent of the applied irradiation power of the LED, so that aging tests can be performed at high irradiances and still low sample temperatures. In addition, a comprehensive evaluation of all aging parameters is performed. By additionally monitoring the operating parameters, comprehensible and comparable aging tests can be realized. This test method provides a new holistic method for evaluating the resistance of materials to visible radiation.

Changes in the optical properties of plastic components are particularly relevant in the field of lighting technology, since in many cases a deterioration in transmission (yellowing) can lead to premature failure of the entire system. Due to the LED technology, the components are also exposed to increasing irradiance levels. In addition, in the context of environmental issues, there is a growing interest in the use of plastic components based on renewable raw materials, as the mass use of plastics based on fossil raw materials, which are in limited supply, is highly controversial. The extraction of these raw materials and the subsequent production of plastics are energy-intensive and lead to the emission of greenhouse gases. Furthermore, many plastics cannot be sustainably recycled and reused and therefore often end up as microplastics in the world's oceans. Therefore, many industrial sectors are looking to substitute plastics that are produced petrochemically. To promote a holistic, future-oriented and sustainable development in lighting technology, it is therefore important to review possible alternatives such as bioplastics with regard to their resistance to blue LED radiation, in addition to established optical plastics. One such alternative could be polylactide, which is based exclusively on renewable raw materials and is biodegradable. In addition, polylactide has excellent optical properties in the amorphous state. For this reason, in addition to the established optical plastic polycarbonate, the bioplastic polylactide is also being tested in an accelerated manner using the new test method. Spectroscopic, chromatographic and mechanical methods are used to analyze aging phenomena.

The results of this work show that polylactide is largely resistant to blue LED radiation compared to polycarbonate. Thus, polylactide can be a sustainable alternative for optical components in lighting systems under certain conditions. However, the limiting factor for the use of polylactide in lighting systems with high requirements is its low crystallization temperature, above which polylactide becomes unusable for optical applications. Furthermore, for the first time, it can be shown that polycarbonate shows signs of aging even at low temperatures (ambient temperature), which can affect its usability in optical systems. In addition to the static irradiation the effects of dynamic irradiation on polycarbonate are investigated using a practice-oriented frequency and different pulse widths. It is shown that pulse-width modulated irradiation has a positive effect on the durability of the material compared to continuous irradiation. These results offer a possible approach to extend the lifetime of optical components by a dynamic instead of a static operation of the LED. Furthermore, a newly developed and patent-pending measurement method allows the detection of vibrations in material surfaces induced by pulsed LED radiation. These measurements are fundamental for future investigations of photomechanical effects on optically stressed components. In addition, the findings can be used to develop a new general test method for non-contact and high-frequency fatigue testing.

Inhaltsverzeichnis

1 Einleitung ... 1

2 Struktur der Arbeit ... 7

3 Stand der Technik ... 9
- 3.1 Nachhaltigkeit in der Beleuchtungstechnik ... 9
- 3.2 Kunststoffe in der Beleuchtungstechnik ... 13
  - 3.2.1 Kunststoff für optische Anwendungen Polycarbonat ... 14
  - 3.2.2 Bio-Kunststoff Polylactid ... 16
- 3.3 Leuchtmittel: Light-Emitting-Diodes ... 19
  - 3.3.1 Marktdurchdringung und moderne Anwendungsgebiete ... 19
  - 3.3.2 Ansteuerung von LEDs ... 20
  - 3.3.3 Ausfallursachen von LED-Systemen ... 22
- 3.4 Anforderungen an Kunststoffe für optische Anwendungen im Automotive-Bereich ... 23
- 3.5 Photodegradation von Kunststoffen ... 24
  - 3.5.1 Alterung von Kunststoffen ... 25
  - 3.5.2 Photolyse ... 27
  - 3.5.3 Photooxidation ... 29
  - 3.5.4 Allgemeines zur Photomechanik ... 31
  - 3.5.5 Analysemethoden zur Charakterisierung von Photodegradation an Polymeren ... 33
- 3.6 Prüfstände zur zeitgerafften Photoalterung ... 39

4 Prüfverfahren zur zeitgerafften optischen Alterung – MLTIS ... 43
- 4.1 Konzeptionierung des MLTIS ... 44

4.2 Überwachung der Betriebsparameter 48
4.3 Software zum Senden und Empfangen von Alterungsparametern 49
4.4 Modulationselektronik zum dynamischen Betrieb der LED 51

5 Methoden und apparative Parameter zur Untersuchung der Polymeralterung 55
5.1 Polymerprobenvorbereitung und -charakterisierung 55
5.1.1 Polymerauswahl 56
5.1.2 Spritzgussverfahren 56
5.1.3 Charakterisierungsmethoden 57
5.2 Bestimmung der Alterungsparameter 63
5.2.1 Integrative spektrale Messung 64
5.2.2 Raytracing-Simulation 65
5.3 Positionierung der Proben 66
5.4 Detektion von Oberflächenschwingungen 67

6 Ergebnisse und Diskussion 71
6.1 Validierung des MLTIS 71
6.1.1 Strahlungsleistung 72
6.1.2 Bestrahlungsstärke 74
6.1.3 Temperatur 77
6.1.4 Untersuchung des dynamischen Betriebs 78
6.1.5 Parameterraum des MLTIS 81
6.1.6 Zeitgeraffter Beschleunigungsfaktor 83
6.2 Parameter für den Polymerspritzguss 86
6.3 Photoalterung unter statischer optischer Belastung 87
6.3.1 Veränderung der Transmission 88
6.3.2 Veränderungen der Molekülstruktur 92
6.3.3 Veränderung der mechanischen Härte 95
6.3.4 Einfluss verschiedener Alterungsparameter 99
6.4 Photoalterung unter dynamischer optischer Belastung 101
6.4.1 Vergleich der optischen Veränderungen 102
6.4.2 Vergleich der Molekülstrukturveränderungen 105
6.4.3 Lichtmikroskopische Analyse 107
6.4.4 Vergleich der Probenoberflächentemperaturen 109
6.4.5 Diskussion des Temperaturverlaufs 112

6.5 Optisch induzierte dynamische mechanische Belastung 114
6.5.1 Taktile Messung 114
6.5.2 Optische Messung 117

7 Zusammenfassung und Ausblick 119

Studentische Arbeiten 131

Literaturverzeichnis 135

Abkürzungsverzeichnis

2D	Zweidimensional
3D	Dreidimensional
25 %-LED	Betrieb der LED mit Pulsweitenmodulation von 25 %
50 %-LED	Betrieb der LED mit Pulsweitenmodulation von 25 %
Abb.	Abbildung
ABS	Acrylnitril-Butadien-Styrol-Copolymer
AFM	Rasterkraftmikroskop (Atomic Force Microscope)
ATR	Abgeschwächte Totalreflexion (Attenuated Total Reflection)
CNC	Computerized Numerical Control -(Maschinen)
CW	Dauerbetrieb (Continuous Wave)
CW-LED	LED im Dauerbetrieb
DC	Tastgrad (Duty Cycle)
DIN	Deutsches Institut für Normung
D-LA	Stereoisomere D-Milchsäure
DSC	Differenzkalorimetrie (Differential Scanning Calorimetry)
EMV	Elektromagnetische-Verträglichkeit
ETIC	Elevated Temperature Irradiance Chamber
EU	Europäische Union
EEA	Europäische Umweltagentur
EPA	Environmental Protection Agency
FIR	Fernes Infrarot
FT	Fourier-Transformation
FTIR	Fourier-Transformation-Infrarotspektroskopie
FWHM	Halbwertsbreite (Full Width at Half Maximum)
GUI	Grafische Benutzeroberfläche (Graphical User Interface)
GPC	Gelpermeationschromatographie

HAST	Highly Accelerated Stress Test
HeNe	Helium-Neon
HSHL	Hochschule Hamm-Lippstadt
IDE	Integrierte Entwicklungsumgebung (Integrated Development Environment)
IoT	Internet of Things
IP	Internet Protocol
IR	Infrarot
IT	Informationstechnik
LaaS	Light as a Service
LED	Light-Emitting-Diodes
L-LA	Stereoisomere L-Milchsäure
L-LAB	Forschungsinstitut für Automobile Lichttechnik und Mechatronik
MCOB	Multi-Chip-On-Board (-LED)
MIR	Mittleres Infrarot
MLTIS	Monitored Liquid Thermostatted Irradiation Setup
MOSFET	Metal Oxide Semiconductor Field-Effect Transistors
NIR	Nahes Infrarot
OECD	Organisation für wirtschaftliche Zusammenarbeit und Entwicklung
OEM	Hier: Fahrzeughersteller (Original Equipment Manufacturer)
PC	Polycarbonat
PCB	Printed Circuit Board
PDLA	Poly-D-Lactid
PE	Polyethylen
PET	Polyethylenterephthalat
PFU	Photo-Fries-Umlagerung
PLA	Polylactid
PLLA	Poly-L-Lactid
PMMA	Polymethylmethacrylat
PPL	Pay-Per-Lux
PTFE	Polytetrafluorethylen (Teflon)
PWM	Pulsweitenmodulation
ppt	Parts per Trillion ($1 \cdot 10^{-12}$)
SLM	Selektives Laserschmelzen
SSL	Leuchten auf Halbleiterbasis (Solid-State Lighting)
STABW	Standardabweichung
THF	Tetrahydrofuran
UV	Ultraviolett

UV/vis	Ultravioletter und sichtbarer Bereich des elektromagnetischen Spektrums
Vis	Sichtbar
VLC	Visible Light Communication
WPT	Lehrstuhl für Werkstoffprüftechnik (Technische Universität Dortmund)
x	Horizontale Achse durch das Reaktorzentrum
YI	Gelbheitswert (Yellowness Index)

Formelzeichenverzeichnis

Lateinische Symbole

A [mm^2]	Fläche
A_{sample} [mm^2]	Probenfläche
A_{total} [a.u.]	Gesamte Fläche des Spektrums
A_{blue} [a.u.]	Fläche des blauen Spektrums
a_c [J/m^2]	Charpy-Kerbschlagzähigkeit
d [mm]	Durchmesser
d_{pores} [μm]	Porendurchmesser
E_e [W/m^2]	Bestrahlungsstärke
$E_{e,HAST}$ [kW/m^2]	Maximale Bestrahlungsstärke HAST
$E_{e,ETIC}$ [kW/m^2]	Maximale Bestrahlungsstärke ETIC
$E_{e,MLTIS}$ [kW/m^2]	Maximale Bestrahlungsstärke MLTIS
$E_{e,dyn}$ [kW/m^2]	Bestrahlungsstärke dynamischer Betrieb
$E_{e,max}$ [kW/m^2]	Maximale Bestrahlungsstärke
$E_{e,mid}$ [kW/m^2]	Mittlere Bestrahlungsstärke
$E_{e,blue}$ [kW/m^2]	Blaulicht Bestrahlungsstärke
$E_{e,exp}$ [kW/m^2]	Bestrahlungsstärke Versuch
$E_{e,1}$ [W/m^2]	Bestrahlungsstärke Abstand 1
$E_{e,2}$ [W/m^2]	Bestrahlungsstärke Abstand 2
$E_e(\alpha)$ [W/m^2]	Bestrahlungsstärke unter Winkel
E_v [lx]	Beleuchtungsstärke
E_{IT} [GPa]	Eindringmodul
F [N]	Kraft
f [Hz]	Frequenz
f_{uni} [Hz]	Max. Frequenz der Allgemeinbeleuchtung

f_{auto} [Hz]	Max. Frequenz im Automotive
f_{pulse} [Hz]	Anregungsfrequenz
f_{det} [Hz]	Abtastrate
f_{res} [mHz]	Auflösung
f_{range} [Hz]	Bandpassbreite
f_{VLC} [MHz]	Typische Frequenz von VLC
f_{vibra} [Hz]	Schwingungsfrequenz
$f_{special}$ [Hz]	Max. Frequenz Spezialbeleuchtung
HM [MPa]	Martenshärte
h [mm]	Höhe
h_{max} [µm]	Max. Eindringtiefe
I [A]	Strom
I_f [A]	Forward Current
I_{eff} [mA]	Effektivstrom
I_{LED} [A]	Verwendete Bestromung der LED
$I_{LED,typ}$ [A]	Typischer Strom der LED
$I_{LED,min}$ [A]	Min. Strom der LED
$I_{LED,max}$ [A]	Max. Strom der LED
k [W/m·K]	Wärmeleitfähigkeit
k_{20} [W/m·K]	Wärmeleitfähigkeit bei 20°C
l [mm]	Dicke
M [kg/mol]	Molare Masse
M_w [g/mol]	Gewichtsgemittelte molare Masse
$M_{w,rel,CW}$ [g/mol]	Relative Änderung gewichtsgemitteltemolare Masse für CW-LED-Betrieb
$M_{w,rel,50}$ [g/mol]	Relative Änderung gewichtsgemitteltemolare Masse für 50 %-LED-Betrieb
$M_{w,rel,25}$ [g/mol]	Relative Änderung gewichtsgemitteltemolare Masse für 25 %-LED-Betrieb
m_{gran} [g]	Masse des Granulats
OD [-]	Optische Dichte
P [W]	Leistung
P_{el} [W]	Elektrische Leistung
p_{pre} [bar]	Spritzguss Vordruck
p_{post} [bar]	Spritzguss Nachdruck
Q [ml/min]	Volumenstrom
Q_e [J]	Strahlungsenergie
$Q_{e,norm,CW}$ [%]	Normierte Strahlungsenergie CW-LED
$Q_{e,norm,50}$ [%]	Normierte Strahlungsenergie 50 %-LED

$Q_{e,norm,25}$ [%] Normierte Strahlungsenergie 25 %-LED
R [Ω] Elektrischer Widerstand
$s_{measure}$ [mm] Abstand zum Messpunkt
s_{LED} [mm] Abstand zur LED
s_{center} [mm] Abstand vom Reaktorzentrum
s_{60} [mm] 60 mm Abstand zur LED
s_{65} [mm] 65 mm Abstand zur LED
s_{18} [mm] 18 mm Abstand zur LED
$s_{vertical}$ [mm] Abstand vom Zentrum vertikal
$s_{horizontal}$ [mm] Abstand vom Zentrum horizontal
T [%] Transmission
t [s] Zeit
t_{melt} [min] Aufschmelzzeit des Granulats
t_{hold} [s] Haltezeit
t_{pulse} [ms] Dauer eines Pulses
t_{total} [h] Dauer gesamter statischer Versuch
$t_{total,dyn}$ [h] Dauer gesamter dynamischer Versuch
t_{on} [s] Einschaltdauer
U [V] Spannung
U_{LED} [V] Verwendete Spannung der LED
U_f [V] Forward Voltage(Durchlassspannung)
V [l] Volumen
v [mm/s] Geschwindigkeit
y [nm] Auslenkung
YI [-] Gelbheitswert
X [-] Normfarbwert X
Y [-] Normfarbwert Y
Z [-] Normfarbwert Z

Griechische Symbole

ϑ [°C] Temperatur
ϑ_{LED} [°C] LED-Temperatur
$\vartheta_{thermostat}$ [°C] Thermostattemperatur
ϑ_{case} [°C] LED-Gehäusetemperatur
ϑ_{sample} [°C] Probentemperatur
ϑ_{uni} [°C] Temperatur Allgemeinbeleuchtung
$\vartheta_{auto,min}$ [°C] Temperatur Scheinwerfer minimal

$\vartheta_{auto,max}$ [°C]	Temperatur Scheinwerfermaximal
$\vartheta_{special}$ [°C]	Temperatur Spezialbeleuchtung
ϑ_{cyl} [°C]	Zylindertemperatur
ϑ_{form} [°C]	Formteiltemperatur
ϑ_{CW} [°C]	Temperatur CW-LED-Proben
$\vartheta_{CW,max}$ [°C]	Max. Temperatur CW-LED-Proben
ϑ_{cryst} [°C]	Kristallisationstemperatur von PLA
ϑ_{infra} [°C]	Temperatur Hand-Infrarotthermometer
ϑ_{thermo} [°C]	Temperatur Thermoelement
$\vartheta_{50\,\%}$ [°C]	Temperatur 50 %-LED-Proben
$\vartheta_{50\,\%,max}$ [°C]	Max. Temperatur 50 %-LED-Proben
$\vartheta_{25\,\%}$ [°C]	Temperatur 25 %-LED-Proben
$\vartheta_{25\,\%,max}$ [°C]	Max. Temperatur 25 %-LED-Proben
Φ_v [lm]	Lichtstrom
Φ_e [W]	Strahlungsleistung
$\Phi_{e,special}$ [W]	Strahlungsleistung Spezialbeleuchtung
$\Phi_{e,A}$ [W]	Strahlungsleistung bestrahlte Fläche
$\Phi_{e,\lambda}$ [W/nm]	Spektrale Strahlungsleistung
$\Delta OD_{rel,360,PC65}$ [%]	Relative optische Dichte der PC-Proben im Abstand von 65 mm bei 360 nm
$\Delta OD_{rel,360,PC60}$ [%]	Relative optische Dichte der PC-Proben im Abstand von 60 mm bei 360 nm
$\Delta OD_{rel,360,PLA65}$ [%]	Relative optische Dichte der PLA-Proben im Abstand von 65 mm bei 360 nm
$\Delta OD_{rel,360,PLA60}$ [%]	Relative optische Dichte der PC-Proben im Abstand von 60 mm bei 360 nm
ΔT_{rel} [%]	Relative Transmissionsänderung
$\Delta T_{rel,360}$ [%]	Relative Transmissionsänderung bei 360 nm
$\Delta T_{rel,320,CW}$ [%]	Relative Transmissionsänderung der CW-LED-Proben bei 320 nm
$\Delta T_{rel,320,50}$ [%]	Relative Transmissionsänderung der 50 %-LED-Proben bei 320 nm
$\Delta T_{rel,320,25}$ [%]	Relative Transmissionsänderung der 25 %-LED-Proben bei 320 nm
$\Delta\vartheta$ [°C]	Temperaturdifferenz
$\Delta\vartheta_{const}$ [°C]	Konstante Temperaturdifferenz
Δy [nm]	Amplitudenhöhe
Δy_{mid} [nm]	Gemittelte Amplitudenhöhe
Δt_{mid} [ms]	Gemittelte Schwingungszeit

α [°]	Winkel
β [mg/ml]	Massenkonzentration
λ [nm]	Wellenlänge
λ_{max} [nm]	Peakwellenlänge
$\tilde{\upsilon}$[cm^{-1}]	Wellenzahl
η [%]	Wirkungsgrad
σ [MPa]	Spannung
ν_D [-]	Abbe-Zahl
ε [-]	Dehnung
τ [s]	Periodendauer
κ [-]	Beschleunigungsfaktor
κ_{HAST} [-]	Beschleunigungsfaktor HAST
κ_{ETIC} [-]	Beschleunigungsfaktor ETIC
κ_{MLTIS} [-]	Beschleunigungsfaktor MLTIS
Λ [-]	Verhältnis der Flächen

Abbildungsverzeichnis

Abbildung 1.1 LED-Scheinwerfermodul: a) Seitliche Ansicht des Moduls bestehend aus einer Kunststoffoptik, einer Halterung und einem Kühlkörper. b) Frontansicht der Kunststoffoptik und des LED-Leuchtmittels 4

Abbildung 2.1 Vereinfachte Darstellung des Vorgehens in dieser Arbeit. Das zentrale Element ist die Entwicklung eines neuen Prüfverfahrens zur optischen Alterung. Basierend auf dem Prüfverfahren werden zeitgeraffte statische und dynamische Alterungsversuche an Kunststoffproben durchgeführt 8

Abbildung 3.1 Vereinfachte Darstellung einer Kreislaufwirtschaft auf Basis erneuerbarer (nachwachsender) Rohstoffe (Bio-Kunststoffe). In Anlehnung an [1] 11

Abbildung 3.2 Anwendungsbereiche für Bio-Kunststoffe und deren Verteilung bezogen auf den weltweiten Bio-Kunststoffmarkt im Jahr 2021. Die Beleuchtungstechnik ist ein Teilbereich der Elektrotechnik und Elektronik. In Anlehnung an [19] 12

Abbildung 3.3 Freiformoptik für einen Nebelscheinwerfer. Aus [24]; mit freundlicher Genehmigung von © Fraunhofer ILT, Aachen (2014) 13

Abbildung 3.4 Chemische Struktur der Wiederholeinheit von PC, die sich aus den beiden Monomeren Kohlensäure und Bisphenol A zusammensetzt 15

Abbildung 3.5 Strukturformel von a) L-LA und b) D-LA. Aus [36]; mit freundlicher Genehmigung von © John Wiley & Sons (2010) 16
Abbildung 3.6 Strukturformel von PLA 17
Abbildung 3.7 Vergleich der Transmission T von PLA Luminy L130, PMMA Plexiglas 8 N und PC Tarflon LC 1500 im Wellenlängenbereich λ von 220–800 nm. Der farbliche Verlauf kennzeichnet den sichtbaren Wellenlängenbereich von 380–780 nm. In Anlehnung an [43] 17
Abbildung 3.8 Anzahl der wissenschaftlichen Artikel, die seit 2000 im Web of Science mit den Stichworten „PLA", „PLLA", „PDLA", „Polylactic Acid", „Polylactide" und „Poly(lactic acid)" publiziert wurden [52] 18
Abbildung 3.9 Veranschaulichung eines PWM-Signals mit einem Tastgrad von DC = 25 % und dem entsprechenden Effektivwert des Stroms I_{eff} 21
Abbildung 3.10 Streuoptiken aus einer LED-betriebenen Deckenbeleuchtung. a), b) und c) zeigen beispielhaft drei Zustände mit zunehmendem Grad der Vergilbung 27
Abbildung 3.11 Ablauf der Norrish-Typ-II-Reaktion für PLA. Aus [105]; mit freundlicher Genehmigung von © Amerikanische Chemische Gesellschaft (2010) 27
Abbildung 3.12 Ablauf der Photo-Fries-Umlagerung an Bisphenol A PC mit den Reaktionsprodukten L_1 und L_2. Weitere mögliche Reaktionsprodukte, die durch die Abspaltung von CO bzw. CO_2 entstehen können, sind aus Gründen der Übersichtlichkeit nicht mit aufgenommen. In Anlehnung an [100]; mit freundlicher Genehmigung von © Elsevier (2007) 28
Abbildung 3.13 Ablauf der Photooxidation von Bisphenol A PC. Aus Gründen der Übersichtlichkeit sind nicht alle möglichen Endprodukte der Reaktion dargestellt. In Anlehnung an [97,100]; mit freundlicher Genehmigung von © Elsevier (1995, 2007) 30

Abbildung 3.14 Ablauf der Photooxidation von PLA. Die am häufigsten ablaufende Reaktion führt zur Bildung von Anhydriden. In Anlehnung an [102,105]; mit freundlicher Genehmigung von © Elsevier (2011) und © Amerikanische Chemische Gesellschaft (2010) ... 31
Abbildung 3.15 Schematische Darstellung des Aufbaus eines Zweistrahl-Spektrometers. Der Strahl I verläuft durch die Probe, wobei der Referenzstrahl I_0 unverändert bleibt ... 35
Abbildung 3.16 Schematische Darstellung des Fourier-Transform-Infrarotspektrometers. Das Interferogramm wir über Fourier-Transformation (FT) in ein Infrarotspektrum umgewandelt. In Anlehnung an [156]; mit freundlicher Genehmigung von © Elsevier (2007) ... 37
Abbildung 3.17 Skizzierung der ATR-Methode für die FTIR-Spektroskopie mit eingespanntem Probenkörper ... 39
Abbildung 3.18 Skizzen der bekannten Prüfstände zur zeitgerafften Photoalterung: a) Highly Accelerated Stress Test (HAST), b) Elevated Temperature Irradiance Chamber (ETIC), c) Pulsweitenmodulations (PWM) -Chamber ... 40
Abbildung 4.1 Schematischer Aufbau des *Monitored Liquid Thermostatted Irradiation Setup* (MLTIS). In Anlehnung an [164] ... 45
Abbildung 4.2 Deckel eines MLTIS-Reaktors: a) Die zur Alterung verwendete blaue MCOB-Hochleistungs-LED eingebaut in den Teflondeckel. b) Seitliche Ansicht des Deckels mit dem Kupferblock und den Anschlussstücken für die Fluidkühlung ... 46
Abbildung 4.3 Foto eines MLTIS-Reaktors mit angeschlossenen Schläuchen für die Temperierung der Probenkammer (unten) und der LED-Kühlung (oben). Zusätzlich sind zur Überwachung der Betriebsparameter mehrere Sensoren verbaut. In Anlehnung an [43,167] ... 47

Abbildung 4.4 Vier MLTIS-Reaktoren in strahlungssicheren Einhausungen (Light-Shields). Die Reaktoren können durch eine getönte Kunststoffscheibe überwacht werden ... 47
Abbildung 4.5 Auszug aus der Struktur zur Spannungsversorgung und der Datenweiterleitung für drei MLTIS-Reaktoren. Weitere Reaktoren werden gleichermaßen angeschlossen ... 49
Abbildung 4.6 a) GUI des rechnerseitigen MATLAB-Hauptprogramms zur Initialisierung der MLTIS-Reaktoren. b) Grafische Darstellung der Sensordaten eines MLTIS-Reaktors während der Laufzeit eines Alterungsversuchs. In Anlehnung an [164] ... 51
Abbildung 4.7 a) Portables Elektronikmodul mit Anschlüssen zur Frequenz- und Pulsweitenmodulation von bis zu sechs MLTIS-Reaktoren. b) Ansicht des geöffneten Elektronikmoduls. Ein Mikrokontroller dient als Taktgeber für alle sechs Übertragungsschaltungen. In Anlehnung an [167] ... 52
Abbildung 5.1 Ablauf des Spritzgussprozesses zur Herstellung der PLA- und PC-Probenkörper: a) Granulat, b) Spritzgussform, c) Spritzgussapparatur, d) transparente scheibenförmige Probenkörper ... 57
Abbildung 5.2 3D-gedruckte Schablone zur mittigen und senkrechten Positionierung der Proben in dem Hauptstrahl des UV/vis-Spektrometers. Die gestrichelten Linien stellen den Weg des Lichts dar ... 59
Abbildung 5.3 3D-gedruckte Schablone zur Positionierung der Proben auf dem ATR-Kristall des Infrarotspektrometers ... 60
Abbildung 5.4 Messung der Probenoberflächentemperatur: a) Positionierung der verwendeten IR-Kamera über dem MLTIS-Reaktor. b) Temperaturprofil dargestellt in Falschfarben ... 62
Abbildung 5.5 Messbereiche für FTIR- und UV/vis-Spektroskopie sowie GPC und Ultra-Mikro-Härteprüfung auf der Probenscheibe. In Anlehnung an [43] ... 63

Abbildung 5.6 Darstellung des Raytracing-Aufbaus mit einem Strahl, der 50-fach reflektiert wird. Der Detektor am Boden visualisiert die Bestrahlungsstärke in Falschfarben. In Anlehnung an [164] 65
Abbildung 5.7 Anordnung der Proben in einem MLTIS-Reaktor, bei gleichzeitiger Verwendung mehrerer Proben. Die horizontale Achse durch den Mittelpunkt des Reaktors wird als x festgelegt. In Anlehnung an [167] 66
Abbildung 5.8 Messaufbau zur taktilen Messung von Oberflächenschwingungen mittels AFM. Die großen eingekreisten Flächen markieren den Bereich, der von der LED bestrahlt wird. Die kleinen eingekreisten Flächen markieren den Bereich, auf dem die Messung durchgeführt wird. Gemessen wird die Bewegung der Probe senkrecht zur Basisplatte in z-Richtung: a) Foto des Aufbaus. b) Skizze des Aufbaus 68
Abbildung 5.9 Messaufbau zur kontaktlosen optischen Messung von Oberflächenschwingungen mittels eines Laserinterferometers. Die großen eingekreisten Flächen markieren den Bereich, der von der LED bestrahlt wird. Die kleinen eingekreisten Flächen markieren den Bereich, auf dem die Messung durchgeführt wird. Gemessen wird die Bewegung der Probe senkrecht zur Basisplatte: a) Foto des Aufbaus. b) Skizze des Aufbaus 69
Abbildung 6.1 Spektrale Strahlungsleistung $\Phi_{e,\lambda}$ der verwendeten blauen LED für verschiedene Betriebsströme zwischen der minimalen Stromstärke I_{min} und der maximalen Stromstärke I_{max}. In Anlehnung an [164] 72
Abbildung 6.2 Strahlungsleistung Φ_e und Lichtstrom Φ_v in Abhängigkeit des Betriebsstroms der LED zwischen der minimalen Stromstärke I_{min} und der maximalen Stromstärke I_{max}. In Anlehnung an [164] 73

Abbildung 6.3 Abhängigkeit der spektralen Strahlungsleistung $\Phi_{e,\lambda}$ von der Thermostattemperatur des zur Kühlung der LED verwendeten Umwälzthermostats. In Anlehnung an [164] 74
Abbildung 6.4 Beispielhafte Bestrahlungsstärkeverteilung auf dem Probenkammerboden, dargestellt in Falschfarben bei einem Strom von I = 1,296 A. In Anlehnung an [164] 75
Abbildung 6.5 Vertikale Schnitte durch die Bestrahlungsstärkeverteilung auf dem virtuellen Detektor der Raytracing-Simulation in Abhängigkeit des Betriebsstroms der LED zwischen der minimalen Stromstärke I_{min} und der maximalen Stromstärke I_{max}. In Anlehnung an [164] 76
Abbildung 6.6 Mittelwert der Bestrahlungsstärke E_e für verschiedene Betriebsströme I. Die gestrichelte Linie beschreibt die Ausgleichsgerade für die gemessenen Betriebsströme der LED zwischen der minimalen Stromstärke I_{min} und der maximalen Stromstärke I_{max}. In Anlehnung an [164] 76
Abbildung 6.7 Temperatur der Probenoberfläche ϑ_{sample} (PC) in Abhängigkeit von der eingestellten Thermostattemperatur $\vartheta_{thermostat}$ bei einer Stromstärke von I_{LED} = 1,134 A. Die gestrichelte Linie beschreibt die Ausgleichsgerade für den Bereich von 10-90°C. In Anlehnung an [164] 77
Abbildung 6.8 a) Von der Modulationselektronik erzeugtes PWM-Signal C für einen Tastgrad von DC = 25 % und DC = 50 %. b) Resultierendes an der LED anliegendes Spannungssignal U für einen Tastgrad von DC = 25 % und DC = 50 %. Die Frequenz beträgt f = 500 Hz. In Anlehnung an [167] 79

Abbildung 6.9 Strahlungsleistungen Φ_e bei verschiedenen Betriebsmodi der LED gemessen durch die in den Reaktordeckeln integrierten Photodioden über einen Zeitraum von t = 10 ms bei einer Frequenz von f = 500 Hz. In Anlehnung an [167] 80
Abbildung 6.10 Parameterraum des MLTIS, bestehend aus Strahlungsleistung Φ_e, Temperatur ϑ und Frequenz f, zur Darstellung der abgedeckten Anwendungsgebiete aus der Beleuchtungstechnik: a) Allgemeinbeleuchtung, b) Spezialbeleuchtung, c) Automotive-Bereich, d) Visible Light Communication (VLC). Bereiche, die weit über die Grenzen des MLTIS-Parameterraums hinausgehen (z.B. < 0°C, > 100°C), sind aus Gründen der Übersichtlichkeit nicht dargestellt 82
Abbildung 6.11 Typisches Weißlicht-LED-Spektrum einer Leuchtstoff-konvertierten blauen LED. Die Emissionsbande im blauen Wellenlängenbereich wird über eine Lorentz-Funktion (gestrichelte Linie) angenähert. Der Anteil der Blaulichtemission an der Gesamtemission beträgt rund $\Lambda = 32\%$ 85
Abbildung 6.12 Mittelwert und Standardabweichung der Transmission T der spritzgegossenen und zur Alterung ausgewählten Probenkörper aus PC Tarflon LC 1500 und PLA Luminy L130. Der farbliche Verlauf kennzeichnet den sichtbaren Wellenlängenbereich λ von 380–780 nm 87
Abbildung 6.13 Mittelwerte der Transmission T von sechs PC-Proben im Verlauf der Alterung (0-5000 h) im Wellenlängenbereich λ von 285-450 nm. In Anlehnung an [43] 89
Abbildung 6.14 Mittelwerte der Transmission T von sechs PLA-Proben im Verlauf der Alterung (0-5000 h) im Wellenlängenbereich λ von 240-450 nm. In Anlehnung an [43] 90

Abbildung 6.15 Mittelwert und Standardabweichung der optischen Dichte OD bei der Wellenlänge $\lambda = 360$ nm der jeweils sechs PC-Proben im Abstand s_{60} und s_{65} zur LED im Verlauf der Alterung. In Anlehnung an [43] ... 90
Abbildung 6.16 Mittelwert und Standardabweichung der optischen Dichte OD bei der Wellenlänge $\lambda = 360$ nm der jeweils sechs PLA-Proben im Abstand s_{60} und s_{65} zur LED im Verlauf der Alterung. In Anlehnung an [43] ... 91
Abbildung 6.17 Vergleich der Transmissionsspektren von PLA Luminy L130 im Originalzustand, nach $t_{total} = 5000$ h Alterung und von PLA Resomer L210S im Wellenlängenbereich λ von 240–450 nm. In Anlehnung an [43] ... 92
Abbildung 6.18 Mittelwerte der normalisierten und grundlinienkorrigierten FTIR-Spektren der sechs PC-Proben im Wellenzahlbereich $\tilde{\nu}$ der Carbonylregion zwischen 1890–1640 cm^{-1}, in einem Abstand von s_{60} zur LED. In Anlehnung an [43] ... 93
Abbildung 6.19 Veränderungen in den FTIR-Spektren der sechs PC-Proben in der Carbonylregion im Verlauf der Alterung im Vergleich zu den ungealterten Spektren. Der Abstand der Proben zur LED beträgt s_{60}. In Anlehnung an [43] ... 93
Abbildung 6.20 Mittelwert und Standardabweichung der gewichtsgemittelten molaren Massen M_w von PC und PLA im LED-Abstand s_{60} und s_{65} nach 0 h, 2256 h und 5000 h Alterung. In Anlehnung an [43] .. 95
Abbildung 6.21 Kraft-Eindringtiefe-Kurven für PC und PLA im ungealterten Zustand und nach $t_{total} = 5000$ h Alterung im Abstand von s_{60} bzw. s_{65} zur LED. In Anlehnung an [43] ... 96
Abbildung 6.22 Martenshärte HM und Eindringmodul E_{IT}für PLA und PC im ungealterten Zustand und nach $t_{total} = 5000$ h für beide Abstände zur LED. In Anlehnung an [43] ... 97

Abbildung 6.23 Zusammenfassende Darstellung der auf den Ausgangszustand bezogenen relativen Transmissionsänderung $\Delta T_{rel,360}$ bei der Wellenlänge $\lambda = 360$ nm von PC und PLA im Verlauf der Alterung. Auf der x-Achse ist die eingetragene Strahlungsenergie Q_e abgebildet. Die farblichen Hinterlegungen überführen die relativen Transmissionsänderungen in anwendungsorientierte Bereiche 100
Abbildung 6.24 Mittelwert der Transmission T der CW-LED-, 50 %-LED- und 25 %-LED-Proben im ungealterten Zustand und nach einer Bestrahlungsdauer von $t_{total,dyn} = 1500$ h im Wellenlängenbereich λ von 280–780 nm. In Anlehnung an [167] 103
Abbildung 6.25 Mittelwert der Transmission T der CW-LED-, 50 %-LED- und 25 %-LED-Proben nach einer Bestrahlungsdauer t von 0 h, 545 h und 1500 h im Wellenlängenbereich λ von 335–380 nm. In Anlehnung an [167] 104
Abbildung 6.26 Vergleich der mittleren relativen Transmissionsänderung ΔT_{rel} der CW-LED-, 50 %-LED- und 25 %-LED-Proben nach einer Bestrahlungsdauer t von 239 h und 1500 h. In Anlehnung an [167] 105
Abbildung 6.27 Mittelwert der FTIR-Spektren der CW-LED-Proben vor der Alterung, nach 545 h und nach $t_{total,dyn} = 1500$ h im Wellenzahlbereich $\tilde{\nu}$ der Carbonylregion zwischen 1850–1670 cm^{-1}. In Anlehnung an [167] 106
Abbildung 6.28 Änderung der Absorption A in den FTIR-Spektren der CW-LED-, 50 %-LED- und 25 %-LED-Proben nach $t_{total,dyn} = 1500$ h im Vergleich zu den Spektren der jeweiligen Proben vor der Alterung (0 h). In Anlehnung an [167] 107
Abbildung 6.29 Mittelwert der gewichtsgemittelten molaren Massen M_w der CW-LED-, 50 %-LED- und 25 %-LED-Proben nach der Alterung sowie der ungealterten Referenzproben. In Anlehnung an [167] 108

Abbildung 6.30 Lichtmikroskopische Aufnahmen einer 25 %-LED Probe nach a) t = 707 h und b) $t_{total,dyn}$ = 1500 h. Die vier Fehlertypen zeigen keine signifikanten Unterschiede, die auf die Bestrahlung zurückzuführen sind. Bei den Defekten handelt es sich um Kratzer durch die Spritzgussform (1), analyseinduzierte Kratzer (2), Kratzer durch den Spritzgussprozess (3), Krater durch Ausgasung (4) und Fasern auf dem Objektträger (5). In Anlehnung an [167] 109
Abbildung 6.31 Temperaturprofile der Proben als horizontaler Schnitt (x-Achse) durch die Reaktormitte unter Belastung mit den drei verschiedenen Betriebsmodi der LED. Die Temperaturprofile gleicher Farbe sind nach 20 Minuten zu unterschiedlichen Alterungszeitpunkten aufgenommen. Die vertikalen gestrichelten Linien markieren den Beginn des Probenbereichs. In Anlehnung an [167] 110
Abbildung 6.32 Temperaturen ϑ der Messungen mit dem nicht-bildgebenden Hand-Infrarotthermometer für die drei Betriebsmodi der LED. Die Positionsangaben beziehen sich auf die horizontale x-Achse der Reaktoren. In Anlehnung an [167] 111
Abbildung 6.33 Hypothetische Entwicklung der Probentemperatur ϑ mit zunehmender Alterungsdauer t in Abhängigkeit von dem Betriebsmodus der LED. Der untere Teil zeigt den Temperaturverlauf über einen längeren Zeitraum. Nahaufnahmen des Anfangsstadiums und des Gleichgewichtszustands sind oben links bzw. rechts skizziert. In Anlehnung an [167] 113
Abbildung 6.34 Materialreaktion der Kunststoffprobe auf die dynamische optische Belastung mit einer Anregungsfrequenz von f_{pulse} = 100 Hz in einem Zeitraum von t = 200 ms 115

Abbildung 6.35 Vergrößerung einer Schwingung der Kunststoffprobe bei einer Anregungsfrequenz durch die LED von $f_{pulse} = 100$ Hz 116
Abbildung 6.36 Geschwindigkeits-Zeit- (v-t) Diagramm einer Kunststoffprobe bei einer Anregungsfrequenz durch die LED von $f_{pulse} = 100$ Hz 118
Abbildung 7.1 Zweidimensionale Skizzierung des Parameterraums des MLTIS mit eingezeichneten Anwendungsgebieten aus der Beleuchtungstechnik: a) Allgemeinbeleuchtung, b) Spezialbeleuchtung, c) Automotive-Bereich, d) Visible Light Communication (VLC). Die schraffierte Fläche visualisiert die mögliche Erweiterung des Temperaturbereichs durch dic Verwendung eines anderen Wärmeleitmediums 121
Abbildung 7.2 Einsatzmöglichkeit von PLA Luminy L130 als Kunststoff für optische Anwendungen: a) Linse aus PLA hergestellt im Spritzgussverfahren. b) Verbaute Linse im Leuchtenkopf. c) Nachhaltige Leuchte. In Anlehnung an [196] 124

Tabellenverzeichnis

Tabelle 3.1 Aus der Literatur bekannte Prüfstände zur zeitgerafften Alterung durch sichtbare LED-Strahlung ... 41
Tabelle 5.1 Bandpassfilterbreiten f_{range}, Auflösungen f_{res} und Messdauern t der Laserinterferometer Messungen in Abhängigkeit von der Anregungsfrequenz f_{pulse} der LED ... 70
Tabelle 6.1 Optimierte Spritzgussparameter; Zylindertemperatur ϑ_{cyl}, Formtemperatur ϑ_{form}, Vordruck p_{pre} und Nachdruck p_{post}, zur Herstellung der PC Tarflon LC 1500 und PLA Luminy L130 Probenkörper [194,195] ... 86
Tabelle 6.2 LED-Konfiguration (Frequenz f, Tastgrad DC) inkl. der verwendeten Bezeichnungen ... 102
Tabelle 6.3 Relative Transmissionsänderung ΔT_{rel} und Standardabweichung STABW nach der Alterung in Abhängigkeit von dem Betriebsmodus der LED für ausgewählten Wellenlängen λ [167] ... 105
Tabelle 6.4 Mittlere Schwingungsfrequenzen f_{vibra} und Standardabweichungen STABW der Oberflächen der Kunststoff- und der Aluminiumprobe in Abhängigkeit von der Anregungsfrequenz f_{pulse} der LED ... 116
Tabelle 7.1 Zusammenfassung der Analyseergebnisse der PC- und PLA-Proben aus den Alterungsversuchen unter statischer optischer Belastung ... 124

1 Einleitung

Die Schädigung von Materialien unter dem Einfluss von Strahlung, die sog. Photodegradation, wird seit vielen Jahren erforscht. Häufig betroffen von Abbauprozessen, die im Besonderen von energiereicher kurzwelliger UV-Strahlung ausgelöst werden, sind Kunststoffe. Zur Bewertung der Beständigkeit und Lebensdauervorhersage von Kunststoffen, die im Außenbereich eingesetzt werden, hat sich der Einsatz von sog. Bewitterungskammern etabliert, die eine zeitgeraffte Simulation von Alterungsvorgängen unter UV- und Solarstrahlung ermöglichen. Solche Bewitterungskammern sind kommerziell verfügbar und verwenden standardisierte Prüfverfahren. Neben der Untersuchung der Photodegradation unter UV- und Solarstrahlung besteht in den letzten Jahren ein zunehmendes Interesse an Untersuchungen zur Photodegradation, die durch Strahlung aus dem sichtbaren Wellenlängenbereich induziert wird. Hierbei liegt ein besonderer Fokus auf der Untersuchung von Kunststoffen, die im Gebiet der Beleuchtungstechnik als optische Komponenten verwendet werden. In diesem Bereich ermöglicht die LED-Technologie die Realisierung immer kompakterer Systeme, wie LED-Scheinwerfermodule (Abbildung 1.1) oder Lichtleiter mit sehr kleinen Lichteintrittsflächen, bei denen die LEDs unmittelbar vor den Kunststoffen positioniert sind. Dadurch sind die optischen Kunststoffkomponenten steigenden Bestrahlungsstärken ausgesetzt. Konventionelle weiße LEDs emittieren zudem einen großen Anteil energiereicher blauer Strahlung, von der nur ein Teil durch eine Leuchtstoff-Beschichtung konvertiert wird. Dieser kurzwellige Anteil der LED-Spektren stellt eine erhebliche Belastung für die Kunststoffbauteile dar. Diese starke optische Belastung der Kunststoffe kann zu einer Verschlechterung der Materialparameter, wie beispielsweise einer Vergilbung führen und schließlich den Ausfall des gesamten LED-Systems zur Folge haben.

M. Hemmerich, *Entwicklung und Validierung eines Prüfverfahrens zur Photodegradation von (Bio-)Kunststoffen unter statischer und dynamischer optischer Belastung*, Werkstofftechnische Berichte | Reports of Materials Science and Engineering, https://doi.org/10.1007/978-3-658-41831-1_1

Neben vereinzelten experimentellen Aufbauten existiert jedoch kein umfängliches und standardisiertes Verfahren um die durch sichtbare Strahlung ausgelösten Alterungseffekte nachvollziehbar in zeitgeraffter Weise untersuchen zu können.

Aus diesem Grund wird im Rahmen dieser Arbeit ein neuartiges Prüfverfahren namens *Monitored Liquid Thermostatted Irradiation Setup* (MLTIS) entwickelt und validiert. Unter Verwendung einer blauen Hochleistungs-LED können mit dem Prüfverfahren Alterungserscheinungen in einer im Vergleich zu Realbedingungen stark beschleunigten Weise simuliert werden. Das innovative Design des Prüfverfahrens ermöglicht die Temperaturkontrolle der Probe, unabhängig von der eingebrachten Strahlungsleistung der LED, wodurch erstmalig Untersuchungen bei niedrigen Probentemperaturen, jedoch hohen Bestrahlungsstärken zugänglich sind. Die Evaluation wichtiger Alterungsparameter sowie eine ständige Überwachung weiterer Betriebsparameter ermöglicht es nachvollziehbare und reproduzierbare Alterungsversuche durchzuführen.

Die heutzutage in vielen Bereichen, wie auch in dem Bereich der Beleuchtungstechnik verwendeten Kunststoffe auf Basis von endlichen fossilen Rohstoffen stehen stark in der Kritik, da deren Exploration, Förderung sowie Raffinierung energieintensiv und klimaschädlich sind. Auch die anschließende Herstellung der Kunststoffe ist kein ökologisch nachhaltiger Prozess, bei dem viele umweltschädliche Treibhausgase entstehen. Ebenso ist die abschließende Entsorgung sehr umstritten. Viele Kunststoffe können nicht nachhaltig recycelt und wiederverwertet werden und enden daher vielfach als Mikroplastik in den Weltmeeren oder werden unter Freisetzung weiterer Treibhausgase verbrannt. Vor dem Hintergrund der Nachhaltigkeit ist es entscheidend, neue Konzepte für den Umgang mit Kunststoffprodukten zu schaffen. So werden u. a. in den Nachhaltigkeitszielen der *Vereinte Nationen* (UN) und dem Green Deal der *Europäischen Union* (EU) im Wesentlichen die gleichen wichtigen Punkte adressiert: Neben langlebigeren Produkten und einem besseren Abfallmanagement ist der Übergang zu einer Kreislaufwirtschaft erforderlich, damit ein ganzheitlicher und nachhaltiger Lebenszyklus von Kunststoffprodukten – von der Gewinnung der Rohstoffe, über die Nutzung, bis zum Recycling und der anschließenden Wiederverwendung – etabliert wird. Um diesen Kreislaufprozess endgültig nachhaltig zu gestalten, sind sog. Bio-Kunststoffe zielführend, die auf nachwachsenden Rohstoffen basieren und biologisch abbaubar sind. Neben einer umweltfreundlicheren Herstellung, die nicht auf begrenzten fossilen Rohstoffen basiert, kann durch biologische Abbaubarkeit ein dauerhafter und schädlicher Verbleib in der Umwelt vermieden werden. Aus diesem Grund wächst auch im Bereich der Beleuchtungstechnik das Interesse an umweltfreundlichen und nachhaltigen Systemen. Als Lichtquellen sind LEDs aufgrund ihrer hohen Lebensdauer und guten Energieeffizienz bereits eine nachhaltige Lösung in Beleuchtungssystemen. Allerdings werden für die zugehörigen Leuchten häufig die angesprochenen Kunststoffe auf Erdölbasis, wie Polycarbonat (PC) und Polymethylmethacrylat (PMMA) verwendet, die nicht zur Nachhaltigkeit dieser Systeme beitragen. Diese Kunststoffe werden insbesondere zur Herstellung von optischen Komponenten wie Linsen, Lichtleitern oder Abschlussscheiben verwendet. Für eine ganzheitliche und nachhaltige Entwicklung von Beleuchtungssystemen ist es daher entscheidend, mögliche Ersatzstoffe zu prüfen. Eine mögliche Alternative könnte der Bio-Kunststoff Polylactid (PLA) sein, der sowohl auf nachwachsenden Rohstoffen basiert als auch biologisch abbaubar ist. Darüber hinaus weist er in seinem amorphen Zustand hervorragende optische Eigenschaften auf und bietet aufgrund seiner stereoisomeren Monomere vielfältige Möglichkeiten zur intrinsischen Materialmodifikation.

Aus den angeführten Gründen werden aktuell potenzielle Einsatzmöglichkeiten von PLA in Beleuchtungssystemen untersucht. Eine Herausforderung ist hierbei die Stabilität gegenüber blauer LED-Strahlung. Für PLA sind die durch sichtbare LED-Strahlung induzierten Alterungserscheinung bisher nicht untersucht. Vor diesem Hintergrund wird im Rahmen dieser Arbeit durch die Verwendung des MLTIS die Beständigkeit von PLA gegenüber blauer LED-Strahlung untersucht. Zudem wird der Einfluss von dynamischer, also in ihrer Intensität modulierter, Strahlung auf den etablierten Kunststoff für optische Anwendungen, PC, untersucht, um Möglichkeiten zur Verlängerung der Einsatzdauer von Kunststoffkomponenten zu evaluieren. Zur Analyse von Alterungserscheinungen der untersuchten Kunststoffe werden spektroskopische, chromatographische und mechanische Methoden verwendet. Die zur Untersuchung verwendeten Probenkörper werden im Spritzgussverfahren aus Kunststoffgranulat hergestellt.

Ermöglicht durch das innovative Design des MLTIS können erstmalig Alterungsversuche zur Überprüfung der Beständigkeit von PLA auch bei niedrigen Temperaturen unterhalb der Kristallisationsgrenze durchgeführt werden, um die Einsatzmöglichkeiten von PLA als Kunststoff für optische Anwendungen zu evaluieren. Zusätzlich zu den Alterungsversuchen an PLA wird die Beständigkeit von PC gegenüber blauer LED-Strahlung in zeitgeraffter Weise überprüft. Hierbei wird das Alterungsverhalten von PC bei hohen Bestrahlungsstärken jedoch einer geringen Wärmezufuhr (Temperaturen nahe der Umgebungstemperatur) untersucht. Die Alterungsergebnisse der Versuche mit PC können als Referenz für die Bewertung der Ergebnisse von PLA-Alterungsversuchen unter gleichen äußeren Bedingungen verwendet werden. Zusätzlich zu den Alterungsversuchen unter konstanter Bestrahlung werden die Auswirkungen von dynamischer (gepulster)

Bestrahlung auf PC untersucht. Frequenz- und Pulsweitenmodulation ist eine gängige Methode zur Ansteuerung von LEDs, beispielsweise zur Variation der Helligkeit. Durch die Entwicklung einer zusätzlich Modulationselektronik können erstmalig Alterungsversuche bei dynamischem Betrieb der LED durchgeführt werden. Dies ermöglicht es, das Alterungsverhalten von PC unter einer Kombination aus hoher Bestrahlungsstärke und einem dynamischen Betrieb der LED zu untersuchen, wodurch eine praxisnahe Belastung simuliert werden kann. Die Erkenntnisse aus diesen Alterungsversuchen können genutzt werden, um die Lebensdauer von optischen Komponenten in Beleuchtungssystemen zu verlängern, was sowohl Vorteile für die Wirtschaftlichkeit als auch die Nachhaltigkeit dieser Systeme haben kann. Aufbauend auf den dynamischen Alterungsversuchen werden darüber hinaus geeignete Messmethoden entwickelt, die mögliche Schwingungen der Oberfläche einer Probe als Reaktion auf eine dynamische optische Belastung detektieren können. Auf der Grundlage dieser Methoden können weitere Untersuchungen zu photomechanischen Belastungen vorgenommen werden, um weitere Erkenntnisse über mögliche Schädigungen solcherart belasteter optischer Kunststoffkomponenten zu erhalten.

Die in dieser Arbeit vorgenommenen mechanischen Prüfungen an Probenkörpern und Experimente zur Detektion von Oberflächenschwingungen wurden am Lehrstuhl für Werkstoffprüftechnik (WPT) der Technischen Universität Dortmund durchgeführt. Zeitgeraffte optische Alterungsversuche sowie spektroskopische und chromatographische Analysen wurden an der Hochschule Hamm-Lippstadt (HSHL) im Fachbereich für Photonik und Materialwissenschaften vorgenommen. Lichttechnische Messungen und Simulationen zur Evaluation des Prüfverfahrens wurden im Rahmen einer Forschungskooperation mit dem Forschungsinstitut

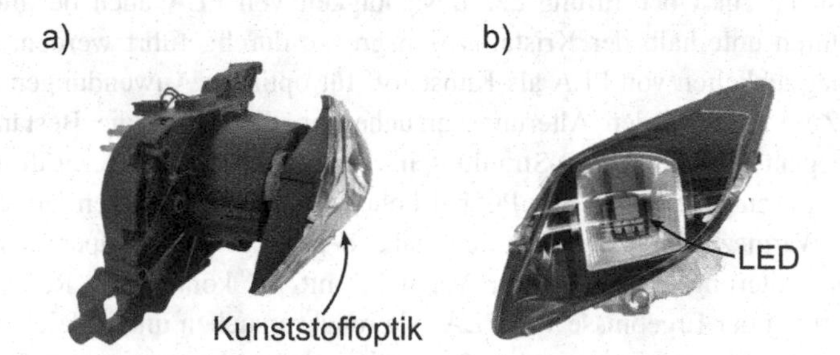

Abbildung 1.1 LED-Scheinwerfermodul: a) Seitliche Ansicht des Moduls bestehend aus einer Kunststoffoptik, einer Halterung und einem Kühlkörper. b) Frontansicht der Kunststoffoptik und des LED-Leuchtmittels

für Automobile Lichttechnik und Mechatronik (L-LAB) realisiert. Das zur Herstellung der Probenkörper verwendete PLA-Granulat wurde mit freundlicher Unterstützung von TotalEnergies Corbion zur Verfügung gestellt. Zudem wurde diese Forschung teilweise finanziell durch das Bundesministerium für Ernährung und Landwirtschaft gefördert (Fördernummer 22020116).

Struktur der Arbeit

2

Um eine Übersicht über den präsentierten Inhalt zu geben, ist in Abbildung 2.1 das Vorgehen im Rahmen dieser Arbeit vereinfacht dargestellt. Auf Basis von Recherchen zum Einsatz von optischen Kunststoffen in der Beleuchtungstechnik, bestehenden Prüfständen zur zeitgerafften Alterung und der Photodegradation von Kunststoffen, erfolgt die Auswahl der zu untersuchenden Kunststoffe und die Festlegung von Anforderungen an ein Prüfverfahren. Die anschließende Entwicklung des neuen Prüfverfahrens zur optischen Alterung bildet das zentrale Element dieser Arbeit. Basierend auf dem Prüfverfahren kann in zeitgerafften Alterungsversuchen die Eignung von PLA als Kunststoff für optische Anwendungen in Beleuchtungssystemen evaluiert werden. Durch eine apparative Erweiterung des Prüfaufbaus werden zusätzlich Alterungsversuche bei einem dynamischen (gepulsten) Betrieb der LED realisiert. Aus den Versuchen können Erkenntnisse zum Alterungsverhalten von Kunststoffen unter dynamischer optischer Belastung sowie zur allgemeinen optisch induzierten mechanischen Belastung erlangt werden. Diese Erkenntnisse können verwendet werden, um die Lebensdauer von Kunststoffkomponenten in LED-Systemen zu verlängern.

Die Kapitelstruktur der Arbeit orientiert sich an dem beschriebenen Vorgehen: In Kapitel 3 werden der Stand der Technik sowie die fachlichen Grundlagen, die für das Verständnis dieser Arbeit relevant sind, erörtert. Anschließend wird in Kapitel 4 das neu entwickelte Prüfverfahren zur zeitgerafften Alterung von Kunststoffen detailliert beschrieben. Es wird dargelegt, wie basierend auf Erkenntnissen von bekannten Prüfständen, spezielle Anforderungen an das Prüfverfahren durch ein dediziertes Design erfüllt werden. Kapitel 5 beinhaltet die Beschreibung der spektroskopischen, chromatographischen und mechanischen Methoden und apparativen Parameter, die zur Analyse der Kunststoffproben verwendet werden. Zusätzlich wird die Herstellung der Probenkörper im Spritzgussverfahren

M. Hemmerich, *Entwicklung und Validierung eines Prüfverfahrens zur Photodegradation von (Bio-)Kunststoffen unter statischer und dynamischer optischer Belastung*, Werkstofftechnische Berichte | Reports of Materials Science and Engineering, https://doi.org/10.1007/978-3-658-41831-1_2

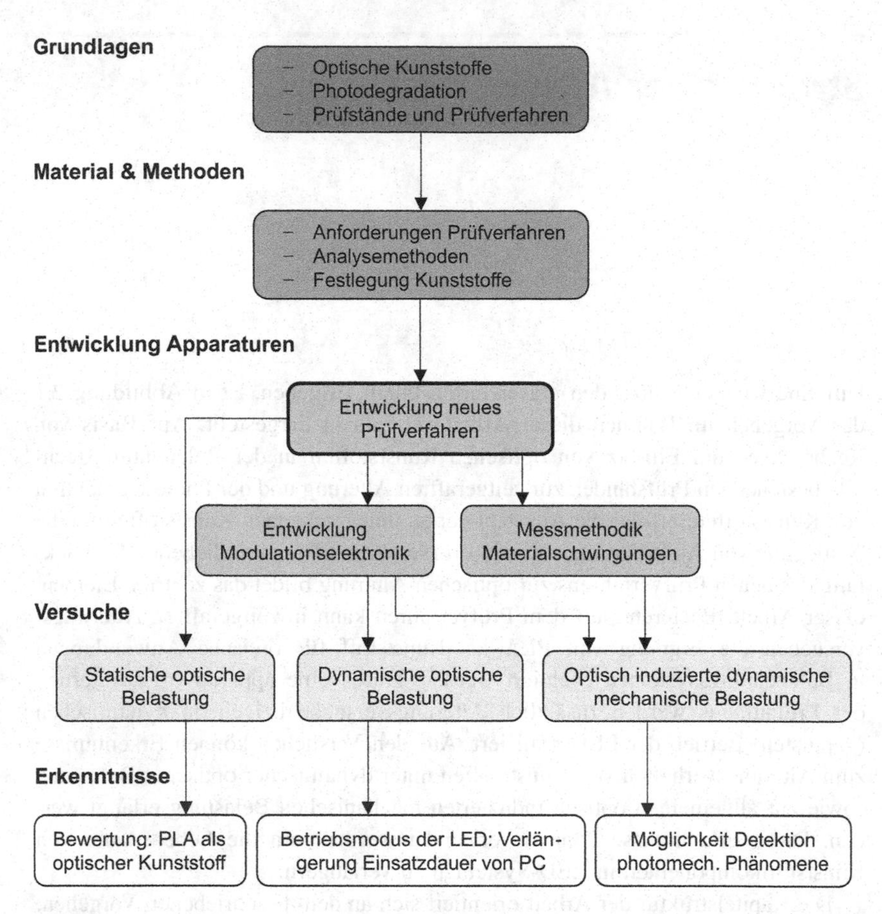

Abbildung 2.1 Vereinfachte Darstellung des Vorgehens in dieser Arbeit. Das zentrale Element ist die Entwicklung eines neuen Prüfverfahrens zur optischen Alterung. Basierend auf dem Prüfverfahren werden zeitgeraffte statische und dynamische Alterungsversuche an Kunststoffproben durchgeführt

und dessen Optimierung erläutert. In Kapitel 6 werden die Validierung des Prüfverfahrens dargelegt sowie Ergebnisse zu den statischen und dynamischen zeitgerafften Alterungsversuchen präsentiert und diskutiert. Abschließend findet in Kapitel 7 eine Zusammenfassung der Ergebnisse sowie eine Diskussion über weiterführende Fragestellungen statt.

3 Stand der Technik

In den nachfolgenden Abschnitten sind die für diese Arbeit relevanten Grundlagen und der Stand der Technik beschrieben. Basierend auf Nachhaltigkeitskonzepten für den Bereich der Beleuchtungstechnik (vgl. Abschnitt 3.1), wird in Abschnitt 3.2 auf die untersuchten Kunststoffe für optische Anwendungen eingegangen. Abschnitte 1.3 und 1.4 befassen sich anschließend mit den auf LEDs basierenden lichttechnischen Gesamtsystemen. Die aktuellen und zukünftigen Einsatzgebiete dieser Systeme werden erläutert sowie Ansteuerungsmethoden und Ausfallursachen beschrieben. Zudem werden Anforderungen an Kunststoffe für optische Anwendungen aus dem Automotive-Bereich dargelegt. In Abschnitt 3.5 werden die für diese Arbeit relevanten Photodegradationsprozesse sowie Methoden zur Analyse der Materialveränderungen vorgestellt. Abschließend werden aus der Literatur bekannte Prüfstände zur zeitgerafften optischen Alterung präsentiert und gegenübergestellt (vgl. Abschnitt 3.6).

3.1 Nachhaltigkeit in der Beleuchtungstechnik

Eine Welt ohne Kunststoffe ist heute kaum vorstellbar. Dank der Kombination aus niedrigen Kosten, Vielseitigkeit, Haltbarkeit und gutem Verhältnis von Festigkeit zu Gewicht, bringen Kunststoffe enorme wirtschaftliche Vorteile und werden daher in vielen Industriebereichen eingesetzt [1]. Es entfallen beispielsweise etwa 15 % des Gewichts eines Autos [2] und sogar fast 50 % des Gewichts einer Boeing *Dreamliner* [3] auf Kunststoffe. Durch die in den letzten Jahren zunehmende Verwendung von Kunststoffen entstehen jedoch massive Umweltprobleme, da die gesamte Kunststoffindustrie in hohem Maße von fossilen Energieträgern

M. Hemmerich, *Entwicklung und Validierung eines Prüfverfahrens zur Photodegradation von (Bio-)Kunststoffen unter statischer und dynamischer optischer Belastung*, Werkstofftechnische Berichte | Reports of Materials Science and Engineering, https://doi.org/10.1007/978-3-658-41831-1_3

abhängig ist. Mehr als 90 % der verwendeten Rohstoffe in der Kunststoffproduktion basieren auf den endlichen fossilen Rohstoffen Erdöl und Erdgas. Daraus resultiert, dass etwa 4–8 % der weltweiten Ölproduktion für die Herstellung von Kunststoffen verwendet wird [4]. Eine weitere Problematik besteht darin, dass Kunststoffe in ihrer ursprünglichen Form mehrere hundert Jahre und in kleineren Partikeln – dem sog. Mikroplastik – sogar noch länger bestehen können [5–8]. Schätzungen zufolge haben sich in den Weltmeeren bereits mehr als 150 Millionen Tonnen Plastik angesammelt. Diese Menge wächst dabei jährlich um bis zu 12,7 Millionen Tonnen [9] und könnte sich bis 2040 auf etwa 29 Millionen Tonnen pro Jahr mehr als verdoppeln. Dies entspräche in etwa einem jährlichen Zuwachs von 50 kg Plastik für jeden Meter Küstenlinie weltweit [10,11]. Laut eines aktuellen Reports der *Organisation für wirtschaftliche Zusammenarbeit und Entwicklung* (OECD) verbleiben etwa 22 % aller Kunststoffabfälle durch Missmanagement oder Leckagen in der Umwelt [12]. Darüber hinaus werden laut *Europäischer Umweltagentur* (EEA) lediglich 42 % der Kunststoffabfälle zum recyclen gesammelt [13], wovon etwa die Hälfte zur Behandlung in Länder außerhalb der EU exportiert werden [14]. Für die USA ist dieser Recyclinganteil nach Angaben der *U.S. Environmental Protection Agency* (EPA), mit 9 %, sogar noch deutlich geringer [15]. Ein Grund für diese unbefriedigende Verwertung liegt in dem aktuell meist linear verlaufenden Lebenszyklus eines Kunststoffprodukts, von der Herstellung über den Konsum bis zur Entsorgung, wobei durch hohe Leckage im Prozess ein großer Anteil in der Umwelt zurückbleibt [16]. Vor diesem Hintergrund findet aktuell ein Umdenken in der Gesellschaft und der Politik, aber auch in der Industrie und der Wirtschaft statt. Die EU setzt sich im Rahmen der „Strategie für Kunststoffe“, die Teil des 2020 aufgestellten Aktionsplans zur Kreislaufwirtschaft ist, zum Ziel, die Art und Weise, wie Kunststoffprodukte in der EU entworfen, hergestellt, verwendet und recycelt werden, zu verändern sowie den Übergang zu einer nachhaltigen Kunststoffwirtschaft zu schaffen [17]. Diese Ziele zeigen die Notwendigkeit einer Abwendung vom bisherigen linearen Lebenszyklus hin zu einer tatsächlichen Kreislaufwirtschaft für (Kunststoff-) Produkte. Eine vereinfachte Darstellung einer solchen nachhaltigen Kreislaufwirtschaft ist in Abbildung 3.1 schematisch dargestellt. Die Grundlage für eine funktionierende Kreislaufwirtschaft ist die Verwendung von biologisch abbaubaren Kunststoffen auf Basis nachwachsender (erneuerbarer) Rohstoffe (1.). Durch Schaffung von Anreizen zur Wiederverwendung (After-Use-Kunststoffwirtschaft) und Kompostierbarkeit solcher Bio-Kunststoffe können Leckagen in die Umwelt verringert werden (2.). Zusätzlich ist eine Erhöhung des Anteils von recycelten Materialien durch eine Verbesserung der Wirtschaftlichkeit und der Akzeptanz erforderlich (3.). [1]

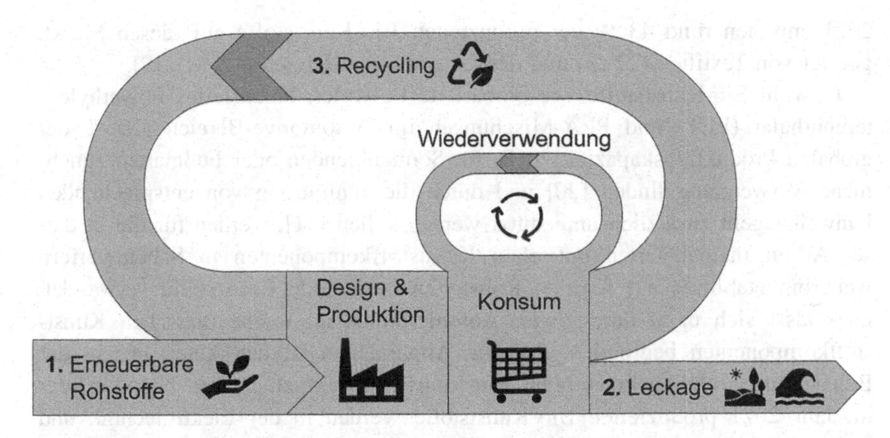

Abbildung 3.1 Vereinfachte Darstellung einer Kreislaufwirtschaft auf Basis erneuerbarer (nachwachsender) Rohstoffe (Bio-Kunststoffe). In Anlehnung an [1]

Neben ökologischen Aspekten kann eine solche Kreislaufwirtschaft auch ökonomisch von Vorteil sein, da Schätzungen zufolge derzeit 95 % des Wertes von Kunststoffverpackungen nach einem kurzen Erstverwendungszyklus für die Wirtschaft verloren gehen [13]. Einer aktuellen Studie zufolge kann eine Umstellung in den drei Kernbereichen Mobilität, Lebensmittel und Bau für Europa einen jährlichen Gesamtnutzen von rund 1,8 Billionen Euro bringen [16]. Erste Tendenzen einer Umstellung in Unternehmen sind bereits erkennbar, sodass Kunststoffe auf Basis erneuerbarer Rohstoffe genutzt werden, um Produktinnovationen zu identifizieren und den sich ändernden Kundenpräferenzen gerecht zu werden. Vor allem diese sich ändernden Kundenpräferenzen spielen eine wichtige Rolle, da sich in diesem Bereich aktuell starke Transformationsprozesse vollziehen, die sich aus Umweltproblemen und den damit verbundenen gesellschaftlichen Veränderungen ergeben. So lag die globale Produktionskapazität von Bio-Kunststoffen 2017 noch bei 1,38 Millionen Tonnen [18]. Im Jahr 2021 erhöhte sich die Menge bereits auf 2,4 Millionen Tonnen. Für das Jahr 2026 wird eine Produktionskapazität von 7,5 Millionen Tonnen vorhergesagt [19]. Hierbei entfielen im Jahr 2021 etwa 864 Tausend Tonnen auf biobasierte, aber nicht biologisch abbaubare Kunststoffe und 1,6 Millionen Tonnen auf Kunststoffe, die biobasiert und biologisch abbaubar sind. Ein vergleichbares Verhältnis wird für die Produktionskapazität im Jahr 2026 vorhergesagt [19]. Wie aus Abbildung 3.2 ersichtlich, ist der größte Bereich in dem Bio-Kunststoffe bereits verwendet werden, der Verpackungsmarkt. Im Jahr

2021 entfielen rund 43 % der produzierten Bio-Kunststoffe auf diesen Markt, gefolgt von Textilien (22 %) und dem Automotive-Bereich (12 %) [19].

Obwohl Bio-Kunststoffe wie biobasierte Polyester, biobasiertes Polyethylenterephthalat (PET) und PLA-Mischungen im Automotive-Bereich (10 % der globalen Produktionskapazität) z. B. für Sonnenblenden oder Fußmatten zunehmend Verwendung finden [20] und durch die Einführung von entsprechenden Umweltsiegeln zusätzlich unterstützt werden sollen [21], werden für die in dieser Arbeit thematisierten optischen Kunststoffkomponenten in Scheinwerfern weiterhin etablierte auf fossilen Rohstoffen basierende Kunststoffe verwendet. Dies lässt sich u. a. durch hohe Anforderungen an solche optischen Kunststoffkomponenten begründen [20]. Im Allgemeinen ist der Anteil der in der Beleuchtungstechnik eingesetzten Bio-Kunststoffe aktuell gering. Nur 5 % der im Jahr 2021 produzierten Bio-Kunststoffe werden in der Elektrotechnik und Elektronik eingesetzt (Abbildung 3.2), von der die Beleuchtungstechnik ein Teilgebiet ist [19]. Es kann davon ausgegangen werden, dass die Verwendung von Bio-Kunststoffen im Bereich der Beleuchtungstechnik unterhalb von 1 % der globalen Produktionskapazität liegt.

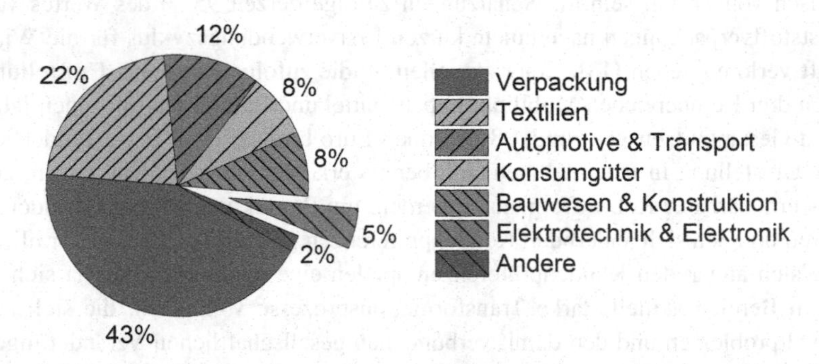

Abbildung 3.2 Anwendungsbereiche für Bio-Kunststoffe und deren Verteilung bezogen auf den weltweiten Bio-Kunststoffmarkt im Jahr 2021. Die Beleuchtungstechnik ist ein Teilbereich der Elektrotechnik und Elektronik. In Anlehnung an [19]

Ein vielversprechender Kandidat für den Einsatz von biobasierten Kunststoffen im Bereich der Beleuchtungstechnik ist der Bio-Kunststoff PLA. PLA basiert auf nachwachsenden Rohstoffen, ist biologisch abbaubar und hat bereits ein breites Anwendungs- und Verbreitungsspektrum (vgl. Abschnitt 3.2.2). Mithilfe der

Umstellung auf eine Kreislaufwirtschaft und der vermehrten Nutzung von Bio-Kunststoffen wie PLA, könnten die endlichen Vorräte an fossilen Ressourcen geschont und somit die Abhängigkeit von Erdöl und Erdgas reduziert werden.[22]

3.2 Kunststoffe in der Beleuchtungstechnik

Vor allem in LED-basierten Beleuchtungsanwendungen werden vorzugsweise optische Komponenten aus Kunststoff verwendet. Neben einem enormen Gewichtsvorteil gegenüber Optiken aus Glas, bieten im Spritzguss hergestellte Bauteile für optische Anwendungen aus Kunststoff zudem eine enorme Designfreiheit in Form und Gestaltung, sodass Optiken mit Freiformoberflächen, wie in Abbildung 3.3 gezeigt, realisiert werden können. So lassen sich mit Kunststoffoptiken mehrere Lichtfunktionen in einem Bauteil integrieren. Ein weiterer entscheidender Vorteil liegt in der kostengünstigen Herstellung im Spritzgussverfahren. Nach der einmaligen Anfertigung eines hochwertigen Formeinsatzes, können hochpräzise Optiken günstig in Massenproduktion hergestellt werden, wobei eine gleichbleibende Qualität gewährleistet werden kann. [23]

Abbildung 3.3 Freiformoptik für einen Nebelscheinwerfer. Aus [24]; mit freundlicher Genehmigung von © Fraunhofer ILT, Aachen (2014)

Die hergestellten optischen Kunststoffkomponenten dienen dazu, das Licht von der Quelle durch Brechung, Reflektion (Linsen, Reflektoren) oder Beugung (Gitter) in eine bestimmte Richtung, bzw. in einen gewünschten Raumwinkel zu lenken. Unter anderem aufgrund von guten optischen und mechanischen Eigenschaften sind bezogen auf die Produktionsmenge, das Marktvolumen und den Umsatz, PC und PMMA die dominierenden transparenten Kunststoffe u. a. in Beleuchtungsanwendungen im Automotive-Bereich [25–27]. Beide Kunststoffe werden jedoch aus fossilen Rohstoffen hergestellt und scheinen angesichts der zunehmenden Bedeutung von Ressourceneffizienz sowie verantwortungsbewusster Nutzung und Entsorgung nicht den modernen Anforderungen zu entsprechen (vgl. Abschnitt 3.1). Vor diesem Hintergrund ist es von großer Bedeutung, den Einsatz möglicher nachhaltigerer und umweltfreundlicherer alternativer Kunststoffe zu untersuchen. Im Folgenden sind die zwei Kunststoffe, die in dieser Arbeit untersucht werden, genauer beschrieben. Aus der Kategorie der etablierten Kunststoffe für optische Anwendungen wird PC näher betrachtet. Als Alternative wird der transparente Bio-Kunststoff PLA, der eine biologisch abbaubare Option für den Bereich der Beleuchtungstechnik sein könnte, vorgestellt.

3.2.1 Kunststoff für optische Anwendungen Polycarbonat

Polycarbonate sind amorphe Polyester der Kohlensäure. Ihr Aufbau ist linear mit einer aliphatischen oder aromatischen Struktureinheit. Polycarbonate werden in die Gruppe der technischen Thermoplaste eingeordnet [28]. Obwohl die ersten Polycarbonate bereits 1898 synthetisiert wurden, gelang es erst 1956 dem deutschen Chemiker Hermann Schnell bei der Bayer AG das erste technisch nutzbare aromatische PC, das seit 1958 unter dem Markennamen Makrolon bekannt ist, herzustellen [29]. Das bekannteste technische PC ist Bisphenol A PC. Das aus Phenol und Aceton hergestellte Monomer Bisphenol A kann durch Umesterung oder Polykondensation zu Bisphenol A PC umgewandelt werden [28]. Für gewöhnlich wird Bisphenol A PC nur als PC bezeichnet. Abbildung 3.4 zeigt die Struktur der Wiederholeinheit von PC.

Über die Jahrtausendwende von 1990 bis 2012 hat sich die jährliche Produktionsmenge von PC versechsfacht. Im Jahr 2016 überschritt die Produktionsmenge erstmals 5 Millionen Tonnen [30,31]. Nicht zuletzt aufgrund der Verwendung in der IT und Beleuchtungsindustrie, betrug die Produktionsmenge 2020 bereits 6,1 Millionen Tonnen pro Jahr, wobei eine jährliche Wachstumsrate von 8 % prognostiziert wird [32].

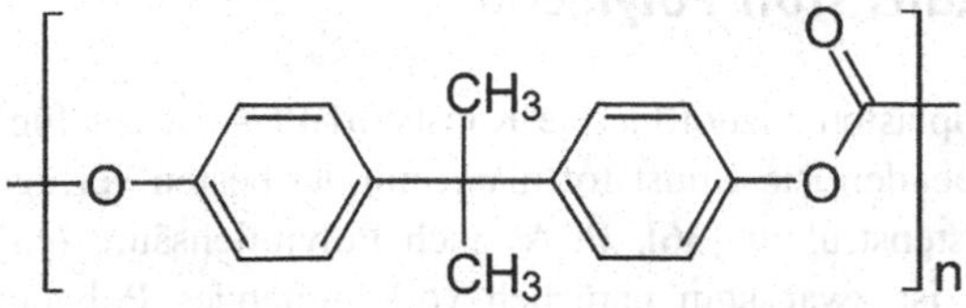

Abbildung 3.4 Chemische Struktur der Wiederholeinheit von PC, die sich aus den beiden Monomeren Kohlensäure und Bisphenol A zusammensetzt

Die vier Haupteigenschaften von PC sind dessen hohe Wärmebeständigkeit, Schlagfestigkeit, Transparenz sowie eine geringe Entflammbarkeit. Aufgrund der Kombination dieser wertvollen Eigenschaften ist PC eines der wichtigsten und am häufigsten verwendeten, technischen Polymere. Es wird vielseitig in industriellen Produkten genutzt, wie in optischen Medien (Displays, Blu-Ray Disc), dem Bauwesen (Plattenmaterialien) und Elektronik (Solarmodule, Smartphones), der Automobiltechnik (Scheinwerferlinsen), in Getränkeflaschen, Kinderspielzeug (Klemmbausteine) und dem Gesundheitswesen (Dialysegeräte), in denen eine Kombination der beschriebenen Eigenschaften von Nöten ist. [27] Durch Beimischung oder durch Verwendung mit anderen technischen Thermoplasten (z. B. ABS, PET) können zudem andere Materialien wie Metalle und Gläser ersetzt werden, um Leichtbau- und einfacher herstellbare und veränderbare Lösungen anbieten zu können. Durch die Zugabe von UV-Stabilisatoren kann zudem die Witterungsbeständigkeit von PC erhöht werden [28,33,34]. Im Bereich der Beleuchtungstechnik besticht PC selbst bei einer hohen Schichtdicke (bis zu 4 mm) durch seine mit Kronglas vergleichbare hohe Transmission von 88–91 % sogar über den sichtbaren Wellenlängenbereich (> 780 nm) hinaus. Im UV-Bereich, unterhalb von 290 nm Wellenlänge, absorbiert PC 100 % der Strahlung [28]. Zudem weist PC eine relativ hohe Abbe-Zahl von $\nu_D = 32$ [35] auf, sodass eine geringe Wellenlängenabhängigkeit der Brechkraft (Dispersion) besteht, was für viele optische Systeme wie Projektionssysteme entscheidend ist, da u. a. die Bildung von Farbsäumen vermieden wird. Aufgrund dieser Eigenschaften wird PC für viele optische Komponenten wie Linsen, Abschlussscheiben oder LED-Einhausungen auch in Automobilscheinwerfern verwendet.

3.2.2 Bio-Kunststoff Polylactid

Der den Thermoplasten zuzuordnende Kunststoff PLA ist der führende Vertreter auf dem aufstrebenden Bio-Kunststoffmarkt mit der besten Verfügbarkeit und der attraktivsten Kostenstruktur [36]. PLA, auch Polymilchsäure (engl. Poly(Lactic Acid)) genannt, ist zwar kein natürlich vorkommendes Polymer, wird jedoch synthetisch aus Monomerbausteinen hergestellt, die aus jährlich nachwachsenden Rohstoffen erzeugt werden. Das Basismonomer und damit der Grundbaustein von PLA ist Milchsäure (Lactid Acid; LA). Diese wird durch Fermentation von Zucker aus Kohlenhydratquellen wie Mais, Zuckerrohr oder Tapioka gewonnen. Dieses Monomer existiert in zwei Stereoisomeren mit unterschiedlichen chemischen Strukturen; L-LA und D-LA (Abbildung 3.5). [37]

Abbildung 3.5 Strukturformel von a) L-LA und b) D-LA. Aus [36]; mit freundlicher Genehmigung von © John Wiley & Sons (2010)

Entdeckt wurde LA im Jahr 1780 von dem deutschen Chemiker Carl Wilhelm Scheele, der dieses aus saurer Molke isolierte [38]. Zunächst wurde es zur Herstellung von Pflanzenzucker und Backpulver verwendet und fand anschließend auch Anwendungen in anderen Bereichen, wie der Lebensmittel- und Textilfärbung. Die erste kommerzielle Produktion von synthetischem LA begann dann im Jahr 1950 in Japan. Die große Mehrheit des weltweit erzeugten LA wird heute allerdings durch Fermentation hergestellt. [36]

Das Polymer PLA kann durch Ringöffnungspolymerisation oder Kondensationspolymerisation direkt aus seinem Grundbaustein LA hergestellt werden, wobei bei der Ringöffnungspolymerisation als Zwischenschritt zunächst Ringförmige Dilactide hergestellt werden [39]. Die Struktur von PLA ist in Abbildung 3.6 dargestellt. PLA ist demnach ein üblicherweise vollständig biobasiertes Polymer, das darüber hinaus unter industriellen Kompostierungsbedingungen biologisch abbaubar ist [39–41].

Nach der Herstellung kann PLA mittels vieler unterschiedlicher Methoden weiterverarbeitet werden. Dazu zählen u. a. Folienextrusion, Spritzgießen,

Abbildung 3.6
Strukturformel von PLA

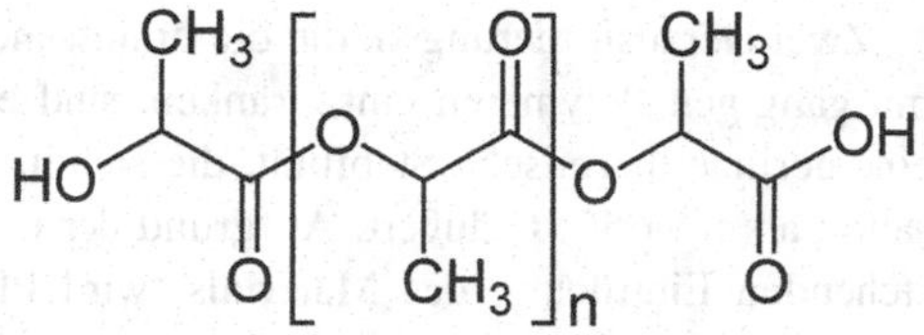

Thermoformen und Faserspinnen. Als neuere Methode zur Verarbeitung wird außerdem das Selektive Laserschmelzen (SLM) genutzt [22]. Neben den beschriebenen attraktiven Eigenschaften wie Biokompatibilität und biologischer Abbaubarkeit, ist PLA auf dem Bio-Kunststoffmarkt auch wegen seiner ähnlichen Eigenschaften zu anderen synthetischen, nicht biobasierten, Polymeren (Transparenz, thermische und mechanische Eigenschaften) beliebt [35]. Vorwiegend aufgrund der hohen Transparenz und einer hohen Abbe-Zahl von $\nu_D = 46$ [35,42], stellt PLA in seinem amorphen Zustand eine mögliche und sinnvolle Alternative zu den auf Erdöl basierenden etablierten Kunststoffen für optische Anwendungen wie PC und PMMA dar. Zur Veranschaulichung zeigt Abbildung 3.7 die Transmission von PLA Luminy L130 (TotalEnergies Corbion, Gorinchem, Netherlands), PMMA Plexiglas 8 N (Röhm GmbH, Darmstadt, Deutschland) und PC Tarflon LC 1500 (Idemitsu Kosan, Tokio, Japan) im Wellenlängenbereich von 220–800 nm. Im sichtbaren Bereich – insbesondere im kurzwelligen Bereich von rund 380–520 nm – ist zu erkennen, dass PLA sogar eine höhere Transmission als PC und PMMA aufweist.

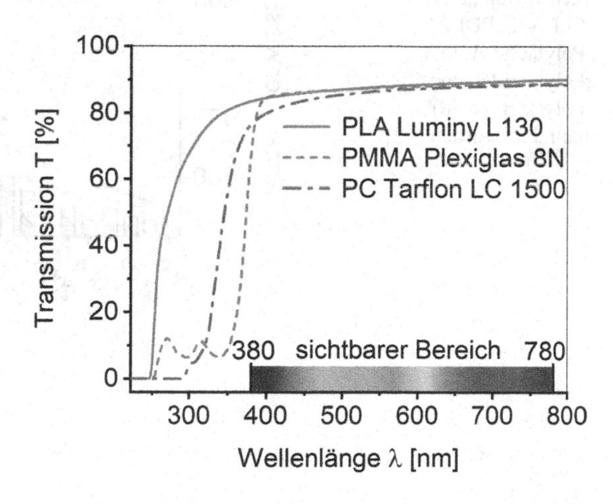

Abbildung 3.7 Vergleich der Transmission T von PLA Luminy L130, PMMA Plexiglas 8 N und PC Tarflon LC 1500 im Wellenlängenbereich λ von 220–800 nm. Der farbliche Verlauf kennzeichnet den sichtbaren Wellenlängenbereich von 380–780 nm. In Anlehnung an [43]

Zwei Herausforderungen, die die umfassende Anwendbarkeit PLAs verglichen mit gängigen Polymeren einschränken, sind eine relativ hohe Sprödigkeit sowie eine geringe thermische Stabilität, die sich u. a. durch eine einsetzende Kristallisation ab etwa 55 °C äußert. Aufgrund der mit der Kristallisation in Verbindung stehenden Eintrübung des Materials, wird PLA für optische Anwendungen ab dieser Temperaturgrenze unbrauchbar. [44–46]

Doch das Feld, in welchem PLA bereits Anwendung findet, ist beträchtlich. So wird es nicht nur als Verpackungsmaterial (z. B. für Becher, Flaschen, Folien, Tüten) [39,47] genutzt, sondern findet sich auch im Automotive-Bereich oder in der Textilherstellung wieder [39,48]. Da PLA im Körper resorbiert werden kann [49], wird es selbst in der Medizintechnik (z. B. für Naht- und Stentmaterial, Schrauben, Nägel, Implantate) vielfach verwendet [22,39,50]. Weltweit könnte die Gesamtnachfrage nach PLA in den nächsten Jahren voraussichtlich 30 Millionen Tonnen pro Jahr erreichen [51]. Mit der großen Marktpräsenz und dem damit verbundenen Anstieg der Produktion von PLA wächst auch die forschungsbezogene Auseinandersetzung mit PLA als Werkstoff, was sich durch den exponentiellen Anstieg der Anzahl an wissenschaftlicher Publikationen um 1465 % über die vergangenen 21 Jahren abbilden lässt (Abbildung 3.8).

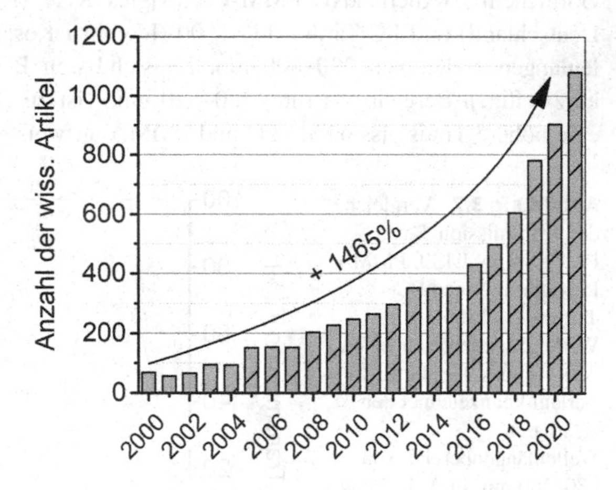

Abbildung 3.8 Anzahl der wissenschaftlichen Artikel, die seit 2000 im Web of Science mit den Stichworten „PLA", „PLLA", „PDLA", „Polylactic Acid", „Polylactide" und „Poly(lactic acid)" publiziert wurden [52]

3.3 Leuchtmittel: Light-Emitting-Diodes

Eine bereits implementierte nachhaltige Lösung im Bereich der Beleuchtungssysteme ist die Nutzung der Light-Emitting-Diode (LED) -Technologie, da LEDs als Leuchtmittel eine hohe Energieeffizienz sowie eine lange Lebensdauer aufweisen. In den nachfolgenden Abschnitten ist der Stand der Technik bezüglich moderner LED-Systeme dargestellt. Zudem werden die gängigen Methoden zur Ansteuerung von LEDs beschrieben und typische Ursachen für Ausfälle von LED-Systemen präsentiert.

3.3.1 Marktdurchdringung und moderne Anwendungsgebiete

LEDs setzen sich seit Beginn des 21. Jahrhunderts zunehmend gegen konventionelle Leuchtmittel wie Glüh-, Halogen-, Fluoreszenz- und Hochdruckentladungslampen durch. Der globale LED-Markt wuchs von 2018 auf 2019 um 3,2 % und für die kommenden Jahre ist eine jährliche Wachstumsrate von 2,8 % vorausgesagt [53]. Verschiedene Berichte gehen zudem davon aus, dass LEDs bis 2030 eine Marktdurchdringung des globalen Beleuchtungsmarkts von 75–87 % haben werden [54–56]. Die wichtigsten Vorteile von LEDs sind ihre lange Lebensdauer (> 50000 h), sehr hohe Lichtausbeute (~160 lm/W, mit einem Potential von bis zu 330 lm/W [57]) und die Möglichkeit aufgrund ihrer kompakten Bauweise auch in kleinen und komplexen Bauräumen eingesetzt werden zu können [58,59]. Die Langlebigkeit in Kombination mit dem Energieeinsparpotenzial hat der LED den Ruf als grüne Lichtquelle des 21. Jahrhunderts eingebracht. Neue nachhaltige Geschäftsmodelle wie *Light as a Service* (LaaS) oder *Pay-Per-Lux* (PPL), die die Wiederverwendung von LED-basierten Leuchten fördern, indem sie von einem Asset Ownership- zu einem As-a-Service-Modell übergehen, erfahren eine wachsende Verbreitung [60,61]. Ein weiteres innovatives Anwendungsgebiet sind *Internet of Things* (IoT) -fähige LED-Beleuchtungen. Intelligente LED-Produkte wie *Human Centric Lighting* oder spezielle Anwesenheitssensoren haben sich vor allem schnell auf dem Gebäudemarkt durchgesetzt. Durch die digitale Vernetzung von LED-Systemen können Zustandsdaten der Komponenten aufgezeichnet werden, um die Langlebigkeit weiter zu verbessern [62]. Neben dem Gebäudesektor ist der Automotive-Bereich mit 16,1 % der zweitgrößte Markt für LED-Anwendungen [53]. Ein innovatives Forschungsgebiet in diesem Bereich stellt die Fahrzeugkommunikation mit sichtbarem Licht dar. In diesem Bereich kann *Visible Light Communication* (VLC) zum Datenaustausch zwischen Fahrzeugen genutzt werden, um z. B. autonome Fahrfunktionen zu verbessern. Zur Kommunikation mit anderen Fahrzeugen kann z. B. das ausgesendete LED-Licht des verbauten Scheinwerfers verwendet werden, in dem das Licht mit Frequenzen zwischen 2–3 MHz moduliert wird [63]. Darüber hinaus kann VLC als Ergänzung oder Alternative zu bisherigen drahtlosen Netzwerken (z. B. WLAN) genutzt werden. Weiterhin kann VLC im Gesundheitswesen [64], zur militärischen Kommunikation [65] oder zur hochpräzisen Positionierung bzw. Ortung von Mobilgeräten in Innenräumen eingesetzt werden [66].

Aufgrund solcher, immer komplexer Systeme ist eine Langlebigkeit der LED und der in Kombination mit der LED verbauten (Kunststoff-) Komponenten aus wirtschaftlichen, aber auch ökologischen Gründen, von zunehmender Bedeutung.

3.3.2 Ansteuerung von LEDs

Zum Steuern des Lichtstroms von LEDs, d. h. zum Variieren der wahrgenommenen Helligkeit, existieren grundlegend zwei Verfahren; die Amplitudenmethode und die Pulsweitenmodulation. Die Grundlagen beider Ansteuerungsmethoden sowie deren Vor- und Nachteile werden im Folgenden erläutert.

Amplitudenmethode
Bei der sog. Amplitudenmethode wird der emittierte Lichtstrom der LED direkt über den eingebrachten elektrischen Strom gesteuert. Der Vorteil dieser Methode liegt zum einen in der einfachen und wenig fehleranfälligen Steuerung der LEDs. Zum anderen – da der emittierte Lichtstrom annähernd proportional zum elektrischen Strom ist – kann die Helligkeit der LED bei dieser Methode stufenlos eingestellt werden. Ein wesentlicher Nachteil besteht darin, dass es aufgrund des variierenden Stroms zu großen Temperaturunterschieden in der LED kommt. Dadurch kann sich das emittierte Spektrum der LED ändern, was zu einer visuell wahrnehmbaren Farbänderung führen kann. Für industrielle Anwendungen, mit höheren Anforderungen an die Lichtqualität, wird daher in den meisten Fällen die sog. Pulsweitenmodulation verwendet. [67]

Pulsweitenmodulation
Bei der Pulsweitenmodulation (PWM) wird die LED in einer beliebigen Frequenz ein- und ausgeschaltet, sodass ein periodisches Signal – meist Rechtecksignal – des durch die LED fließenden Stroms entsteht. In Abhängigkeit von den Pulslängen kann so die wahrgenommene Helligkeit variiert werden. Das

Verhältnis der Einschaltdauer der LED t_{on} zur gesamten Periodendauer τ, wird als Tastgrad (Duty Cycle; DC) bezeichnet und üblicherweise in Prozent angegeben [68]:

$$DC = \frac{t_{on}}{\tau} \cdot 100 \tag{3.1}$$

Zur Quantifizierung der Stromstärke von Rechtecksignalen verschiedener DC, wird der Effektivstrom I_{eff} verwendet. Der Effektivstrom ergibt sich aus der Einschaltdauer t_{on}, der gesamten Periodendauer τ und der Amplitude des Signals I_0, nach folgender Formel [69]:

$$I_{eff} = |I_0| \cdot \sqrt{\frac{t_{on}}{\tau}} \tag{3.2}$$

So beschreibt ein gleicher Effektivwert eines Wechselstroms und eines Gleichstroms, dass innerhalb einer Zeitspanne die gleiche Menge an elektrischer Leistung an einem Verbraucher umgesetzt wird. Zur Veranschaulichung skizziert Abbildung 3.9 den Stromverlauf eines Signals mit einem DC von 25 % und dem entsprechenden Effektivwert des Stroms I_{eff}.

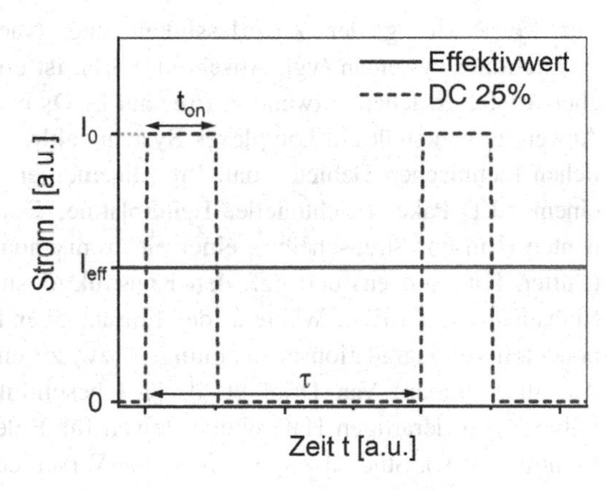

Abbildung 3.9 Veranschaulichung eines PWM-Signals mit einem Tastgrad von DC = 25 % und dem entsprechenden Effektivwert des Stroms I_{eff}

Aufgrund der Trägheit von lichtempfindlichen Rezeptoren im menschlichen Auge wird spätestens ab einer Frequenz von ungefähr f = 100 Hz nur noch eine mittlere Leuchtdichte wahrgenommen. Eine Erhöhung der Einschaltdauer (t_{on}), bei gleichbleibender Stromstärke und somit gleichbleibendem Lichtstrom, führt zu einer Erhöhung der mittleren Leuchtdichte und dadurch zu einer vom Beobachter wahrgenommenen höheren Helligkeit. [70–72]

Nachteile der PWM sind mögliche Flimmereffekte, d. h. das vom Beobachter wahrgenommene pulsieren der Lichtquelle. Bei bewegten Lichtquellen wird dieses sichtbare Flimmern als stroboskopischer Effekt bezeichnet. Das Flimmern kann zu starken psychologischen und physiologischen Beeinträchtigungen des Beobachters führen. Um Flimmereffekte zu vermeiden, werden Frequenzen von $f > 300$ Hz empfohlen. Stroboskopische Effekte können in Einzelfällen sogar noch bei Modulationsfrequenzen von $f > 1000$ Hz wahrgenommen werden. Bei zu hohen Modulationsfrequenzen muss zudem jedoch auf die elektromagnetische Verträglichkeit (EMV) geachtet werden [72–75]. Die überwiegenden Vorteile der PWM-Methode liegen in der hohen Farbqualität und einer hohen Effizienz [76]. In gewöhnlichen Beleuchtungsanwendungen werden LEDs im Frequenzbereich von 100–400 Hz moduliert. Im Automotive-Bereich werden typischerweise Modulationsfrequenzen für Scheinwerfer und Heckleuchten zwischen $f = 300$ Hz und 500 Hz verwendet. [72]

3.3.3 Ausfallursachen von LED-Systemen

Zur Verbesserung der Zuverlässigkeit und Nachhaltigkeit von innovativen Beleuchtungssystemen (vgl. Abschnitt 3.3.1), ist ein besseres Verständnis möglicher Ausfallursachen notwendig. Eine auf LEDs basierende Leuchte für spezielle Anwendungen stellt ein komplexes System zahlreicher Bauteile aus unterschiedlichen technischen Gebieten dar. Im Allgemeinen bestehen solche Systeme aus einem LED-Paket (Lichtquelle, Leiterplatine, Bonddrähte), optischen Komponenten (Linsen, Streuscheibe), einer elektronischen Steuereinheit, Kühlsystemen (Lüfter, Hitzesenken) und ggf. den Konstruktionsmaterialien (z. B. transparente Einhausung der LED). Während der Einsatzdauer kann es in jeder dieser Komponenten zu Degradationserscheinungen bzw. zu einem unerwarteten vorzeitigen Ausfall kommen. Van Driel et al. [77] beschreiben etwa 30 mögliche Ausfallsarten in derartigen Halbleitersystemen für Beleuchtungszwecke (Solid-State Lighting; SSL). Studien zeigen, dass eine Verschlechterung der optischen Eigenschaften von Weißlicht-LED-Systemen hauptsächlich auf ein Versagen, d. h. eine Degradation der LED-Einhausung zurückzuführen ist [78–80]. In einer weiteren kürzlich veröffentlichten Studie, bei der von mehr als 10 Millionen verkauften LED-Produkten, über einen Zeitraum von 5 Jahren, 19000 fehlerhafte Produkte hinsichtlich der Fehlerursache untersucht wurden, konnte festgestellt werden, dass insgesamt circa 39 % der Fehlerursachen auf die Konstruktionsmaterialien und optischen Materialien zurückzuführen sind [62]. Eine Degradation der Kunststoffverkapselung oder zusätzlicher Kunststoffe für optische Anwendungen führt zu einer Eintrübung bzw. zu einer Vergilbung dieser Komponenten, sodass die optischen Eigenschaften stark beeinträchtigt werden können. Diese Verschlechterungen führen somit nicht nur zu einer Verringerung der Lichtausbeute, sondern auch zu einer Veränderung des emittierten Spektrums. Der Erhalt der ursprünglichen Lichtverteilung und eine gute Farbwiedergabe gelten jedoch als zwei der wichtigsten Qualitätsmerkmale von Beleuchtungsartikeln [81–84]. Daher ist eine hohe Beständigkeit dieser Merkmale über einen möglichst langen Anwendungszeitraum des Produkts von besonderer Bedeutung.

3.4 Anforderungen an Kunststoffe für optische Anwendungen im Automotive-Bereich

Bauteile, die im Automotive-Bereich verwendet werden, unterliegen besonders hohen Sicherheits- und Gewährleistungsstandards. Eine Qualifizierung der Bauteile wird durch standardisierte Tests sichergestellt oder durch den Fahrzeughersteller (OEM) vorgegeben. Besonderes bei Halbleiterbauteilen nehmen die zu erfüllenden Anforderungen stetig zu. Aktuelle Trends im Automotive-Bereich, wie die Elektromobilität in Kombination mit einer zunehmenden Digitalisierung der Fahrzeuge und die Entwicklung hin zum autonomen Fahren, führen zu höheren Anforderungen an die Zuverlässigkeit der eingesetzten Halbleiter. Des Weiteren ist auch vor dem Hintergrund von Nachhaltigkeitsaspekten davon auszugehen, dass sich die Anforderungen an die Lebensdauer von Bauteilen zukünftig stark erhöhen werden. [85]

Für Halbleiter und im Speziellen für LEDs existieren eine Reihe standardisierter Testmethoden, um die Qualifizierung der Bauteile oder Module für die Anwendungen im Automotive-Bereich zu prüfen. Neben Testmethoden für die allgemeinen elektrischen und lichttechnischen Anforderungen [86] und Anforderungen an die Arbeitsweise [87], existiert eine Vielzahl an weiteren Tests, beispielsweise zur Qualifizierung der Temperaturbeständigkeit unter verschiedenen Umweltbedingungen, der zyklischen Temperaturbeständigkeit, der Beständigkeit gegen mechanische Stöße und Vibrationen, oder der Beständigkeit gegenüber Korrosion. All diese Qualifikationen beschränken sich allerdings auf thermische, elektrische oder mechanische Einflüsse [88,89]. Die Beständigkeit der mit den LEDs verbauten optischen Kunststoffkomponenten wird hierbei nicht berücksichtigt. Es existieren zudem keine standardisierten Verfahren für eine

Bewertung der Eignung derartiger optischer Bauteile. Jedoch sind im Besonderen in Automobilscheinwerfern Kunststoffe für optische Anwendungen, aufgrund von immer kompakteren Bauweisen der LED-Module, zunehmend höheren Bestrahlungsstärken ausgesetzt [70,90]. Beispiele hierfür sind hochauflösende LED-Matrix-Scheinwerfer oder Lichtleiterkomponenten, die zur Einkopplung des Lichts unmittelbar vor den LEDs positioniert werden. Die Beschichtung eines blauen LED-Chips mit einem lumineszierenden Farbkonverter stellt die am häufigsten verwendete industrielle Technologie zur Herstellung einer weißen LED dar [91,92]. Dies bedingt eine zusätzliche Belastung für die optischen Kunststoffkomponenten, da die LEDs selbst nach der teilweisen Wellenlängenkonversion durch die Leuchtstoffe stets einen hohen Anteil an energiereicher blauer Strahlung emittieren. Es ist daher davon auszugehen, dass eine zunehmende Vergilbung der optischen Kunststoffkomponenten, wie Linsen, Lichtleiter oder Abschlussscheiben, infolge der LED-Bestrahlung, auftritt. Diese Vergilbung der Kunststoffe kann innerhalb der avisierten Betriebsdauer des LED-Systems zu Gewährleistungsproblemen führen. Aus diesem Grund gewinnt das Thema bei namhaften OEMs und dadurch bedingt auch bei Komponenten- und Modullieferanten zunehmend an Relevanz [93]. Eine Degradation von optischen Kunststoffkomponenten kann zudem sicherheitsrelevante Folgen haben, da eine Vergilbung die vom Scheinwerfer emittierte Lichtmenge reduziert und das Emissionsspektrum verändert, sodass gesetzliche Vorgaben an die Ausleuchtung des Verkehrsraums unter Umständen nicht mehr eingehalten werden. Diese Problematik beschränkt sich allerdings nicht nur auf Scheinwerfersysteme aus dem Automotive-Bereich. Auch im Bereich der Allgemein- und Spezialbeleuchtung gewinnt diese Problematik zunehmend an Bedeutung.

3.5 Photodegradation von Kunststoffen

Vor dem Hintergrund der in den vorangegangenen Abschnitten beschriebenen Anforderungen an Bauteile in Beleuchtungssystemen für Automobile und der Ausfallursachen von optischen Kunststoffkomponenten in LED-Systemen, wird nachfolgend genauer auf die Photodegradation von Kunststoffen eingegangen. Neben allgemeinen Definitionen der Alterung von Kunststoffen werden im Speziellen photolytische Umlagerungsprozesse und die Photooxidation für die untersuchten Kunststoffe PLA und PC beschrieben. Zudem wird auf das Thema der Photomechanik eingegangen sowie Methoden zur Analyse von Alterungserscheinungen beschrieben.

3.5.1 Alterung von Kunststoffen

Unter der Alterung von Kunststoffen werden jegliche chemischen oder physikalischen Veränderungen des Materials verstanden, die zu einer Abnahme der Verwendbarkeit des aus diesem Kunststoff hergestellten Bauteils oder Produkts, im Laufe der Zeit führt [94]. Noch allgemeiner wird nach DIN 50035 [95] unter Alterung jede irreversibel ablaufende, physikalische oder chemische Veränderung von Eigenschaften eines Materials im Laufe der Zeit verstanden. Hierbei wird nicht zwischen positiver oder negativer Veränderung für den Anwendungsfall unterschieden [94]. Chemische Alterungsvorgänge umfassen hierbei alle Veränderungen der chemischen Zusammensetzung bzw. der Molekülstruktur und -größe. Bekannte Vorgänge sind z. B. Oxidation, Hydrolyse oder Kettenabbau (strahleninduziert, thermisch, etc.). Chemische Alterungsvorgänge sind irreversible Veränderungen. Unter physikalischen Veränderungen werden Vorgänge infolge von thermodynamischen instabilen Zuständen verstanden, die u. a. zu einer Veränderung der äußeren Form und des Gefüges oder der Veränderung der Mischungsverhältnisse in Materialien führen. Beispiele für derartige Alterungsvorgänge sind Kristallisation und Relaxation von Eigenspannungen. Im Gegensatz zu den chemischen Alterungsvorgängen sind physikalische Alterungsvorgänge beispielsweise durch erneutes Aufschmelzen des Materials reversibel. [94]

Wichtige Einflüsse auf die Alterung sind u. a. Atmosphäre, Temperatur, biologische Belastungen sowie mechanische Belastungen. Unter die atmosphärischen Einflüsse fallen Faktoren wie die Globalstrahlung (direkte und diffuse Sonnenstrahlung) im Wellenlängenbereich von 290–2500 nm (UV-, sichtbare- und IR-Strahlung) sowie Luftfeuchtigkeit, Umgebungsmedien, Verunreinigungen und Atmosphärenbestandteile wie Sauerstoff. Auf diese Weise wird eine Vielzahl von physikalischen und chemischen Alterungsvorgänge ausgelöst, die sich zudem gegenseitig beeinflussen und weitere Belastungsarten hervorrufen können [96]. So kann eine thermische Belastung zu physikalischen Alterungsvorgängen (Kristallisation, Relaxationen) führen, welche wiederum aufgrund von Eigenspannungen zu einer mechanischen Belastung des Materials führt. Weiterhin kann eine periodische optische Bestrahlung zu einer dynamischen mechanischen Belastung führen (vgl. Photomechanik Abschnitt 3.5.4). Die Alterung unter Strahlung aus dem sichtbaren Wellenlängenbereich (370–780 nm) ist ein Spezialfall der Belastung durch die Globalstrahlung, auf die im Folgenden näher eingegangen wird.

Photodegradation unter Berücksichtigung der Wellenlänge
Die Absorption von Licht kann zu photochemischen Veränderungen von Kunststoffen führen, da die von den Photonen in das Material eingebrachte Energie zu Bindungsspaltungen, Neuverzweigungen oder Oxidation von Polymerketten führen kann. Zumeist finden diese Reaktionen an der Oberfläche (25–30 μm) statt, wo die meiste Energie absorbiert wird [96]. Der Einfluss von UV-Strahlung und Solarstrahlung auf verschiedenste Polymere, wie PC [97–100], PLA [101–105], PMMA [106–108] oder Polyethylen (PE) [109,110] ist ein Gebiet, das seit Jahrzehnten aktiv erforscht wird, wobei Veränderungen der optischen, mechanischen und physikalischen Eigenschaften durch die strukturverändernden Photodegradationsprozesse detailliert untersucht worden sind. Eine Zusammenfassung von Erkenntnissen zur allgemeinen Alterung von Werkstoffen und im Speziellen zur Photodegradation von Kunststoffen unter kurzwelliger Strahlung sind bei Ehrenstein et al. [94] und Rabek [96] zu finden. Im Gegensatz zur Alterung von Materialien durch UV- bzw. Solarstrahlung ist die Beständigkeit von Kunststoffen für optische Anwendungen, die hohen Bestrahlungsstärken des sichtbaren Bereichs, z.B. durch LEDs ausgesetzt sind, kaum erforscht. Erst in den letzten Jahren findet sich ein gesteigertes Interesse an der Untersuchung der Beständigkeit von Kunststoffen für optische Anwendungen – vorrangig von PC – gegenüber blauer LED-Strahlung. Yazdan Mehr et al. untersuchten u.a. die rein thermische- [111,112] und die Photodegradation [82,113] von PC und die Auswirkungen von Degradationserscheinungen auf die lichttechnischen Eigenschaften von LED-Systemen [114,115]. Gandhi et al. [116] präsentierten zuletzt Alterungsparameter für die optische Alterung von PC. Neben einer ersten grundlegenden Untersuchung verschiedener Bio-Kunststoffe für optische Anwendungen von Baltscheit et al. [117], existieren jedoch bislang keine Studien zur Beständigkeit von PLA gegenüber sichtbarer bzw. blauer LED-Strahlung.

Eine typische Folge der Photodegradation von Kunststoffen ist eine zunehmende Abnahme der Transmission im kurzwelligen (sichtbaren) Bereich, was zu einer Vergilbung führt. Zur Veranschaulichung unterschiedlicher Grade der Vergilbung sind in Abbildung 3.10 beispielhaft mehrere Streuoptiken nach unterschiedlichen Betriebszeiten gezeigt.

Die Degradationsmechanismen sind grundsätzlich von der Wellenlänge des eingestrahlten Lichts und somit von der maximal verfügbaren Strahlungsenergie abhängig, die zur Aktivierung von Reaktionen im Material zur Verfügung steht. Prinzipiell wird zwischen zwei Hauptmechanismen der Degradation unterschieden. Hierbei handelt es sich um die Photolyse und die Photooxidation [96]. Im Folgenden wird auf die konkreten Mechanismen für die untersuchten Materialien PC und PLA genauer eingegangen.

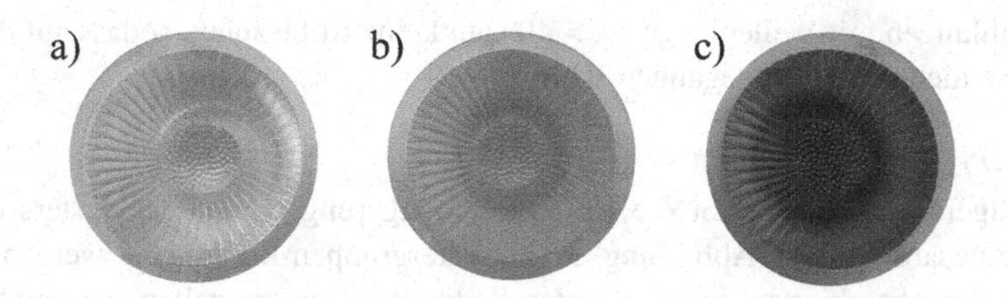

Abbildung 3.10 Streuoptiken aus einer LED-betriebenen Deckenbeleuchtung. a), b) und c) zeigen beispielhaft drei Zustände mit zunehmendem Grad der Vergilbung

3.5.2 Photolyse

Die Photolyse beschreibt die durch Strahlung induzierte Spaltung von Molekülbindungen, was zu Umlagerungen und Neuverzweigungen im Material führt. Studien zeigen, dass bei der Bestrahlung von PLA mit Wellenlängen $\lambda < 230$ nm die Photolyse entsprechend der sog. Norrish-Typ-II-Reaktion vorherrschend ist [103,118]. Für PC ist die Photo-Fries-Umlagerung (PFU) die wichtigste photolytische Reaktion.

Norrish-Typ-II-Reaktion
Die Norrish-Typ-II-Reaktion, die sich durch eine Spaltung der Hauptkette und Bildung einer $C = C$ Doppelbindung an dem neu gebildeten Kettenende ausdrückt, ist in Abbildung 3.11 veranschaulicht.

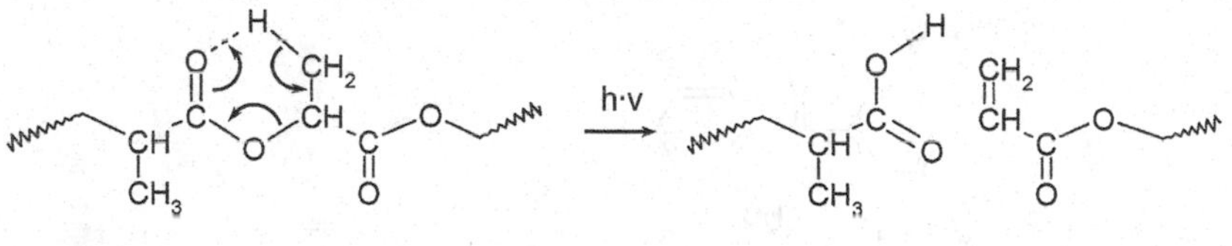

Abbildung 3.11 Ablauf der Norrish-Typ-II-Reaktion für PLA. Aus [105]; mit freundlicher Genehmigung von © Amerikanische Chemische Gesellschaft (2010)

Obwohl dieser Mechanismus auch mehrmals zur Erklärung von Photodegradationsprozessen bei größeren Wellenlängen ($\lambda > 300$ nm) vorgeschlagen wurde [118,119], legen Gardette et al. [102] nahe, dass unter diesen Bedingungen Norrish-Typ-II-Reaktionen unwahrscheinlich sind. Es ist daher davon auszugehen, dass diese photolytische Reaktion für die in dieser Arbeit durchgeführten

Bestrahlungen mit Wellenlängen $\lambda > 400$ nm keine Rolle spielt, sodass auf diesen Prozess nicht näher eingegangen wird.

Photo-Fries-Umlagerung

Im Allgemeinen beschreibt die PFU die Umlagerung eines Phenylesters durch Strahlungsabsorption (Abbildung 3.12). Estergruppen-Bindungen werden aufgrund der absorbierten Energie unter Radikalbildung gespalten, wodurch das freie Elektron des Sauerstoffs eine Bindung eingehen kann und eine neue Position im Molekül einnimmt. Bei Bisphenol A PC führt die Bestrahlung zu einer Umwandlung der aromatischen Carbonateinheit in das Reaktionsprodukt L_1 (Phenylsalicylat). Das PFU-Produkt L_1 wandelt sich dann leicht durch Photooxidation in das PFU-Produkt L_2 (Dihydroxybenzophenon) um. [100,120]

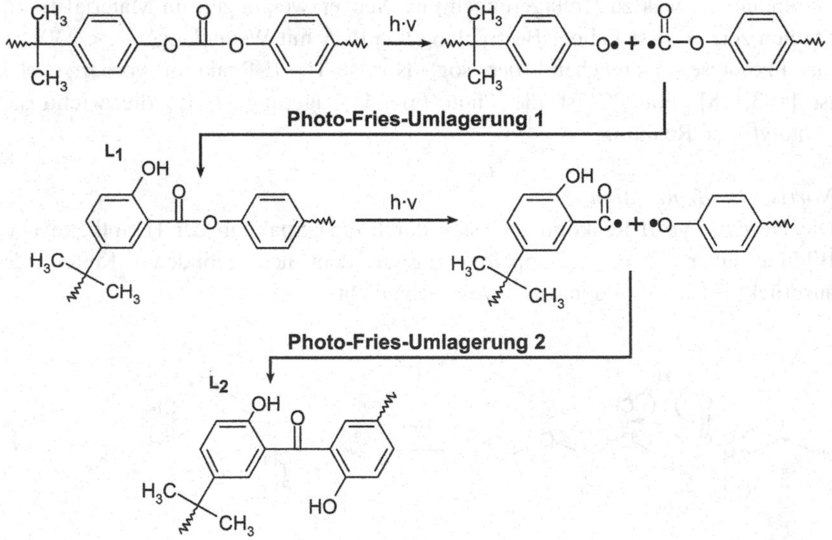

Abbildung 3.12 Ablauf der Photo-Fries-Umlagerung an Bisphenol A PC mit den Reaktionsprodukten L_1 und L_2. Weitere mögliche Reaktionsprodukte, die durch die Abspaltung von CO bzw. CO_2 entstehen können, sind aus Gründen der Übersichtlichkeit nicht mit aufgenommen. In Anlehnung an [100]; mit freundlicher Genehmigung von © Elsevier (2007)

Durch das oftmals gemeinsame Auftreten von PFU und Photooxidation ist eine eindeutige Unterscheidung nicht immer möglich. Studien haben gezeigt, dass bei der Bestrahlung mit Wellenlängen $\lambda < 300$ nm hauptsächlich PFU auftreten und somit für die Vergilbung des Kunststoffs verantwortlich sind [30,121]. Allerdings können auch Wellenlängen λ > 300 nm eine Kombination von PFU und Photooxidation auslösen, was ebenfalls zu einer Vergilbung des Materials führt [122]. Die Absorption von langwelligerer Strahlung und die darauffolgende Schädigung an reaktiven Stellen der Polymerketten kann z. B. durch Verunreinigungen, Defekte oder durch additiv eingebrachte chromophore Gruppen ausgelöst werden [94].

3.5.3 Photooxidation

Die Photooxidation beschreibt einen mehrstufigen durch Strahlung initiierten, oxidativen Abbau eines Polymers, der in einer Vergilbung und Veränderung (Versprödung, Aufrauen) der Oberfläche resultiert. Im Folgenden werden die grundlegenden Abläufe der Photooxidation von PC und PLA erläutert.

Polycarbonat
Der Ablauf der Photooxidation von PC lässt sich in drei Stufen unterteilen. Abbildung 3.13 zeigt den Ablauf der Photooxidation von Bisphenol A PC. Für den ersten Schritt des autokatalytischen Oxidationsprozesses (Kettenstart) muss ein freies Radikal und Sauerstoff vorhanden sein. Initial können Radikale z. B. in chromophoren Gruppen oder bei der zuvor beschriebenen Photolyse entstehen. Factor et al. [123] und Lemaire et al. [124] zeigten, dass PFU-Produkte als Quelle der intrinsischen Photooxidation dienen können.

Durch welche Energieeinwirkung die Radikale entstanden sind (Strahlungsenergie, thermische oder mechanische Energie), ist für den autokatalytischen Abbau unerheblich. Im zweiten Schritt, der Kettenfortpflanzung, reagieren die freien Radikale mit Sauerstoff zu hochreaktiven Peroxidradikalen. Bei Kontakt der Polymerkette mit diesen Peroxidradikalen kommt es zu einem erneuten Kettenbruch. In diesem autokatalytischen Prozess kommt es infolge dessen zu einem sich selbst beschleunigenden Molekülkettenabbau. Die Reaktion setzt sich weiter fort bis aufgrund von Kettenverzweigungen kein Radikal – oder kein Sauerstoff – mehr vorhanden ist. Dieser Abbruch der Reaktion ist der finale Schritt, der mit der Entstehung verschiedener Oxidationsprodukte, wie Ketonen oder tertiären Alkoholen endet. [30,94,96]

Polylactid
Die Photooxidation von PLA beginnt, wie in Abbildung 3.14 gezeigt, ebenfalls mit der Bildung von Radikalen, die durch die Absorption von Strahlung (Verunreinigungen z. B. unter Beteiligung chromophorer Gruppen) entstehen

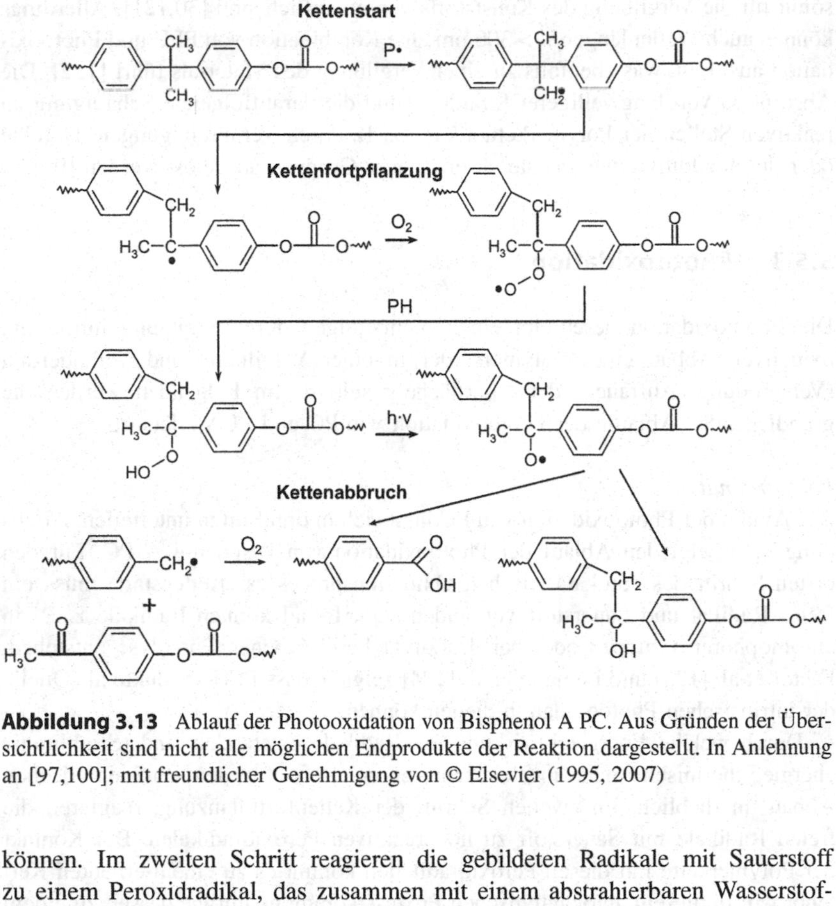

Abbildung 3.13 Ablauf der Photooxidation von Bisphenol A PC. Aus Gründen der Übersichtlichkeit sind nicht alle möglichen Endprodukte der Reaktion dargestellt. In Anlehnung an [97,100]; mit freundlicher Genehmigung von © Elsevier (1995, 2007)

können. Im zweiten Schritt reagieren die gebildeten Radikale mit Sauerstoff zu einem Peroxidradikal, das zusammen mit einem abstrahierbaren Wasserstoffatom Hydroperoxid bildet, das die Kettenreaktion fortsetzt. Durch Photolyse zersetzt sich Hydroperoxid, wobei Alkoxy- und Hydroxylradikale entstehen. Das entstandene Zwischenprodukt in der Reaktion kann im abschließenden Schritt durch β-Spaltung zerfallen. Aufgrund der Struktur können drei verschiedene β-Spaltungen auftreten. Zwei der drei möglichen Reaktionen führen zur Kettenspaltung, wobei eine Reaktion zur Bildung von Anhydriden führt. Diese Reaktion ist die am häufigsten auftretende Reaktion bei der Photooxidation von PLA unter Bestrahlung mit Wellenlängen von $\lambda > 300$ nm und kann deshalb als Hauptpfad angesehen werden [101,102]. Die Photodegradation von PLA äußert sich in einer Abnahme der Transmission, des Molekulargewichts und der mechanischen

Eigenschaften [102,104]. Bei den mechanischen Eigenschaften ist insbesondere ein Verlust an Steifigkeit und Festigkeit zu beobachten [125].

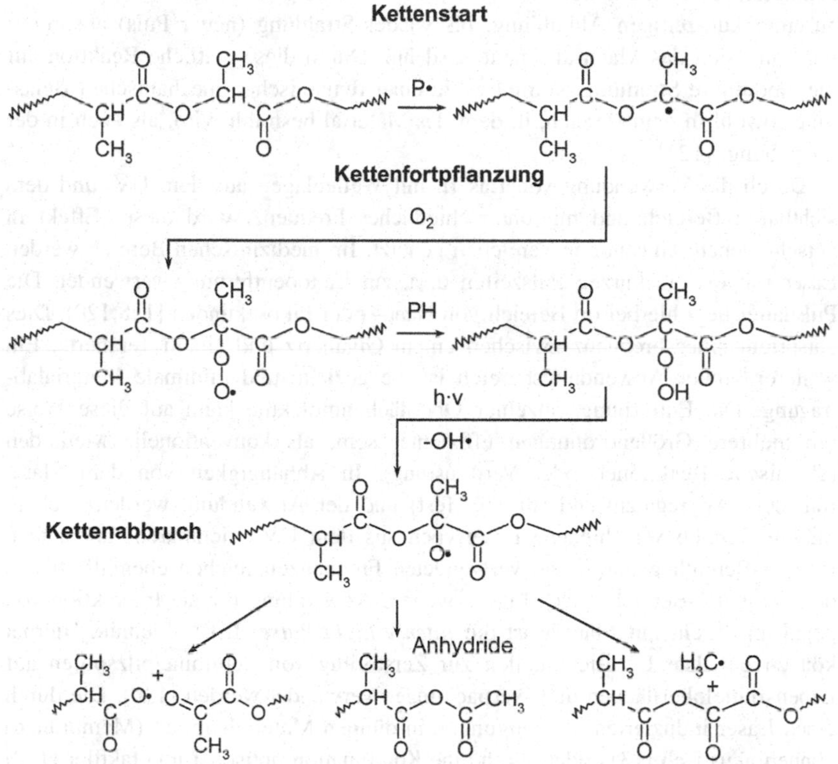

Abbildung 3.14 Ablauf der Photooxidation von PLA. Die am häufigsten ablaufende Reaktion führt zur Bildung von Anhydriden. In Anlehnung an [102,105]; mit freundlicher Genehmigung von © Elsevier (2011) und © Amerikanische Chemische Gesellschaft (2010)

3.5.4 Allgemeines zur Photomechanik

Unter photomechanischen Effekten werden im Allgemeinen die Veränderung der äußeren Abmessungen von Materialien während der Bestrahlung mit modulierter Strahlung verstanden. Dass verschiedenste Materialien, wie Metalle, Holz und Papier, auf die modulierte Bestrahlung mit der Emission eines akustischen Signals reagieren, wurde bereits im Jahr 1880 von Alexander Graham Bell dokumentiert [126]. Durch die modulierte Strahlung erwärmt sich das Material zu den Zeitpunkten, zu denen Strahlung absorbiert wird, wodurch es zu einer thermisch bedingten Ausdehnung kommt. Wenn keine Strahlung absorbiert wird, kommt es zu einer kurzzeitigen Abkühlung, bis wieder Strahlung (neuer Puls) absorbiert wird und sich das Material erneut ausdehnt. Durch diese zeitliche Reaktion auf die modulierte Strahlung, kommt es zu einer dynamischen mechanischen Belastung sowohl in dem Bereich, in dem das Material bestrahlt wird, als auch in der Umgebung. [127]

Durch die Verwendung von Lasern mit Wellenlägen aus dem UV- und dem sichtbaren Bereich und mit unterschiedlicher Frequenz, wird dieser Effekt in verschiedenen Anwendungsbereichen genutzt. Im medizinischen Bereich werden Laser mit extrem kurzen Pulszeiten u. a. zur Tattooentfernung verwendet. Die Pulsdauer liegt hierbei im Bereich von Nano- oder Pikosekunden [128,129]. Dies entspricht einer Frequenz zwischen einem Gigahertz und einem Terahertz. Ein weiterer großer Anwendungsbereich ist die gezielte und minimale Materialabtragung. Die Entfernung einzelner Oberflächenmoleküle kann auf diese Weise um mehrere Größenordnungen effizienter sein, als konventionelle Methoden (chemische Reaktionen oder Verdunstung). In Abhängigkeit von dem Material, dem Aggregatzustand (flüssig, fest) und der Anwendung werden auch in diesem Bereich verschiedene Lasertypen aus dem UV-, sichtbaren- und nahen Infrarot-Bereich genutzt. Die verwendeten Frequenzen reichen ebenfalls bis in den Terahertz-Bereich [127]. Einige weitere Anwendung für die Interaktion von gepulstem Licht mit Materie ist die *Intense Light Pulse* (ILP) -Technik. Hierbei können gepulste UV-Lichtquellen zur Zerstörung von Schimmelpilzsporen auf Lebensmitteloberflächen und -verpackungen verwendet werden [130]. Die durch einen Laser induzierten Schwingungen in dünnen Materialstreifen (Membranen) können akustisch [131] oder durch eine Kombination optischer und taktiler [132] Messmethoden detektiert werden. Für Frequenzen im Bereich bis 2 MHz, wie sie in Beleuchtungsanwendungen genutzt werden (vgl. Abschnitt 3.3.2), sind nach Kenntnisstand des Autors die photomechanischen Auswirkungen, im Speziellen induziert durch LED-Strahlung, bislang unklar. Es konnten trotz intensiver Recherche bisher keine entsprechenden Untersuchungen oder allgemeine Messmethoden zur Detektion dieser photomechanischen Auswirkungen gefunden werden.

Ein mögliches Messinstrument zur Detektion von photomechanischen Veränderungen (Schwingungen) an der Oberfläche von bestrahlten Proben könnte die Rasterkraftmikroskopie (Atomic Force Microscope; AFM) sein. Das AFM kann zur mechanischen Abrasterung von Oberflächen oder zur Bestimmung von atomaren Kräften im Nanometerbereich genutzt werden. Eine sehr feine Messspitze mit einem Durchmesser von wenigen Nanometern wird auf einer Blattfeder (Cantilever) aufgebracht und mit der Probenoberfläche in Kontakt (Kontaktmodus) gebracht. Durch eine Regelung unter Verwendung eines Piezoelements kann die Messspitze unter Aufbringung einer konstanten Kraft im Kontakt mit der Probenoberfläche gehalten werden. Durch Verfahren des Probentisches kann so die Oberfläche der Probe schrittweise abgerastert werden. Die Messung der Biegung erfolgt durch einen Laser, dessen Licht vom Cantilever in eine Fotodiode reflektiert wird. In Abhängigkeit von der Position des reflektierten Laserstrahls kann die Durchbiegung des Cantilevers berechnet werden. [133,134] Das Verfahren ermöglicht es, geringste topographische Veränderungen an Probenoberflächen zu detektieren. Vorstellbar ist die Detektion von Mikrorissen an der Oberfläche. Sikora et al. [108] verwendeten ein AFM zur Rauheitsmessung von PMMA-Proben nach der Photodegradation mit gepulstem Licht.

Eine weitere Möglichkeit zur Messung von photomechanischen Effekten könnte die Laservibrometrie sein. Ein Laser-Doppler-Vibrometer (Laserinterferometer) kann zur quantitativen Messung von mechanischen Schwingungen verwendet werden. Das Messgerät bietet die Möglichkeit kontaktlos Schwingungsfrequenzen und -amplituden zu bestimmen. Der im Aufbau des Vibrometers verwendete Laser wird auf die zu messende Oberfläche fokussiert. Die Strahlung des Lasers wird von der Materialoberfläche reflektiert und anschließend auf einen Detektor gelenkt. In Abhängigkeit von der Bewegung der Oberfläche (Schwingungen) verschiebt sich die Frequenz (Dopplereffekt) des zurückgestreuten Laserstrahls. Die so entstehende Frequenzverschiebung wird mittels eines Interferometers gemessen und zur Auswertung digital weiterverarbeitet. [135]

3.5.5 Analysemethoden zur Charakterisierung von Photodegradation an Polymeren

Zur Analyse von Materialproben im Allgemeinen und von degradierten Polymeren im Speziellen existieren eine Vielzahl von Messmethoden und Prüfverfahren. Grundsätzlich sollten die untersuchten Eigenschaften in einem möglichst engen Zusammenhang mit dem Anwendungsgebiet des untersuchten Werkstoffs stehen. Messmethoden können in visuelle, chromatographische, thermische, mechanische und spektroskopische Verfahren unterteilt werden. Weiterhin kann unterschieden werden, ob es sich um eine zerstörungsfreie oder zerstörende Methode handelt. [94]

Zur Bewertung potenzieller Alterungserscheinungen kann vorab eine visuelle Prüfung der gealterten Proben vorgenommen werden, um Farbveränderung, Eintrübungen oder Rissbildungen zu detektieren. Zur Objektivierung der Beobachtungen existieren verschiedene empirisch bestimmte Bewertungsskalen [136,137]. Zur Auflösung von strukturellen Veränderungen, die durch das menschliche Auge nicht mehr erkennbar sind, kann zusätzlich die Lichtmikroskopie verwendet werden.

Aus dem Bereich der chromatographischen Methoden wird die Gelpermeationschromatographie (GPC) häufig zur Untersuchung von Alterungserscheinungen an Polymerwerkstoffen verwendet. Im Unterschied zu anderen Chromatographieverfahren werden bei der GPC die Probenmoleküle in flüssiger Phase der Größe nach getrennt. Die Aufschlüsslung der Molekülmassen erlaubt es, eine Molmassenverteilung und einen Dispersionsindex zu bestimmen. Die Veränderung der mittleren molaren Massen und deren Verteilungskurve ermöglichen Rückschlüsse auf die Kettenlängen und dadurch Aussagen über den Grad der Alterung der untersuchten Polymerprobe. [94,138]

Thermische Analyseverfahren, wie die dynamische Differenzkalorimetrie (Differential Scanning Calorimetry; DSC), werden im Bereich der Polymeranalyse verwendet, um u. a. Informationen über den Grad der Oxidation (Oxidationsinduktionstemperatur und -zeit) zu erlangen [139,140]. Zusätzlich können Änderungen in der physikalischen Struktur mittels DSC-Messungen bestimmt werden. Die Schmelzenthalpien zu verschiedenen Zeitpunkten einer Alterung liefern Informationen über das Schmelzverhalten und den Kristallisationsgrad [141].

Zur Bestimmung der Veränderung der mechanischen Eigenschaften von degradierten Kunststoffen können universelle Zug- [142,143] und Mikro-Härteprüfverfahren [144] eingesetzt werden. Beispielsweise kann eine Erhöhung der Steifigkeit und Abnahme der Verformbarkeit auf eine Versprödung des Werkstoffs infolge einer physikalischen Degradation oder Photodegradation hindeuten [145,146].

Aus dem Bereich der Spektroskopie kommen häufig leicht zugängliche und zerstörungsfreie Messmethoden wie die UV/vis- und die Infrarotspektroskopie zum Einsatz [94]. Bei der Analyse von Kunststoffen für optische Anwendungen können mit diesen Methoden schnell und einfach wichtige, dem Anwendungsgebiet entsprechende Informationen gewonnen werden. Eine detaillierte Beschreibung dieser beiden Messmethoden findet sich in den nächsten Abschnitten.

Es ist anzumerken, dass sich viele Alterungsphänomene nur durch eine Kombination aus mehreren Messmethoden erklären lassen. Da es sich bei einigen Messmethoden um zerstörende oder solche handelt, welche die Messergebnisse anderer Methoden beeinflussen, ist eine genaue Planung der Messmethoden und deren Abfolge vor Beginn von Alterungsversuchen essenziell. Eine Zusammenfassung etablierter Messmethoden zur Detektion von Alterungserscheinung an Kunststoffen, inklusive einer Auflistung empfohlener Prüfnormen, sind in Ehrenstein et al. [94] (Seiten 147 und 227–239) zusammengefasst.

UV/vis-Spektroskopie

Die UV/vis-Spektroskopie zeichnet sich im Bereich der spektroskopischen Analyse von Proben durch ein hohes spektrales Auflösungsvermögen bei gleichzeitig einfacher Handhabung aus. Das Verfahren beruht auf der Wechselwirkung von Strahlung und Probenmaterial [147]. Elektromagnetische Strahlung im UV- (200–380 nm), sichtbaren- (380–780 nm) und teilweise IR-Bereich (bis etwa 1000 nm) wird schrittweise auf bzw. durch die Probe gelenkt. Zur Bestimmung der Wechselwirkung von Strahlung und Probe wird der transmittierte (oder reflektierte) Strahl mit einem Referenzstrahl (im Falle eines Zweistrahl-Spektrometers) verglichen. Durch die Wechselwirkungen der Strahlung mit der Probe entstehen im ausgewerteten Spektrum Bereiche geringerer Transmission (Absorptionsbanden). [148,149] Der grundlegende Aufbau eines üblicherweise verwendeten Zweistrahl-Spektrometers ist in Abbildung 3.15 skizziert. Die Strahlung der Strahlungsquelle (UV: Wasserstoff- oder Deuteriumlampe, Vis: Wolfram-Halogen-Lampe) wird durch einen Monochromator, bestehend aus einem Prisma und/oder Gitter, in einzelne Wellenlängen aufgetrennt. Über einen rotierenden Spiegel wird die Strahlung in einen Referenzstrahl I_0 und einen Probenstrahl I aufgeteilt. Der Strahl I verläuft durch eine Probe (z. B. transparente Kunststoffprobe), wobei der parallel verlaufende Referenzstrahl unverändert bleibt. Anschließend werden die Strahlen wieder zusammengeführt, vom Detektor erfasst und ausgewertet. [148]

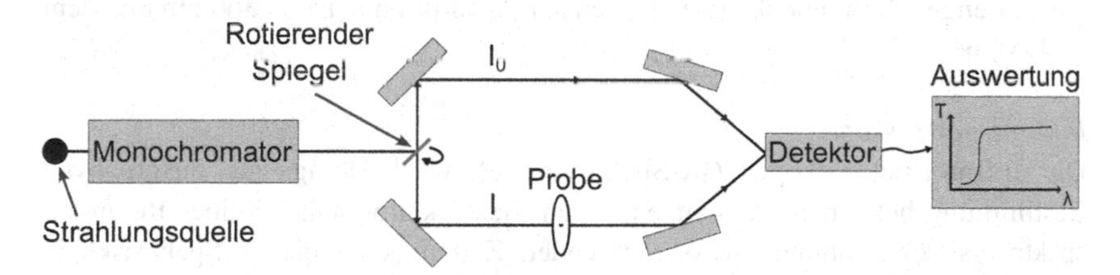

Abbildung 3.15 Schematische Darstellung des Aufbaus eines Zweistrahl-Spektrometers. Der Strahl I verläuft durch die Probe, wobei der Referenzstrahl I_0 unverändert bleibt

Auch wenn die Absorptionsbanden verhältnismäßig breit sind und daher die Menge an qualitativen Informationen im Vergleich zur Infrarotspektroskopie gering ist, können z. B. chromophore Gruppen über die Absorptionsbanden identifiziert werden [150]. Die Untersuchung der Proben kann sowohl in Transmission als auch in Reflexion erfolgen. Während die Transmissionsmessung für weitestgehend transparente Proben verwendet wird, können bei der Reflexionsmessung auch transluzente Proben – beispielsweise durch Kristallisation eingetrübte Proben – oder auch opake Proben hinsichtlich der optischen Eigenschaften vermessen werden. Es ist weiterhin möglich den diffusen und spekularen Reflexionsgrad von transparenten Proben zu bestimmen, um alterungsbedingte Oberflächenveränderungen, die sich durch eine Änderung der Oberflächenreflektivität äußern können, zu bestimmen [151]. Zur Durchführung von Reflexionsmessungen wird eine Integrationskugel in die Strahlengänge eines Zweistrahl-Spektrometers eingebracht und die Proben an einer Öffnung der Integrationskugel positioniert. Genauere Informationen zu dem Messprinzip einer Integrationskugel sind [152,153] zu entnehmen.

Aus den Messungen der UV/vis-Spektroskopie lassen sich gemäß der spektralen Farbmessung nach DIN 6167 [154] die Normfarbwerte X, Y und Z bestimmen. Mit Hilfe der Farbwerte wird eine Quantifizierung der Vergilbung von weiß-opaken oder transluzent-/transparent-farblosen Proben anhand des Gelbheitswert (Yellowness Index; YI) möglich [94]. Der YI gilt als Industriestandard zur Bewertung farblicher Veränderungen von (farblosen) optischen Bauteilen. Bei einer Abnahme der Transmission über einen großen Teil des Wellenlängenbereichs (nicht nur im kurzwelligen Bereich von 300–400 nm) im Verlauf einer strahlungsinduzierten Alterung kann sich bei der Bestimmung des YI jedoch oftmals eine große Messunsicherheit ergeben. Grundsätzlich kann auch die Absorption bei $\lambda = 360$ nm als Maß für die Vergilbung einer transparenten Kunststoffprobe verwendet werden, da wie Gandhi et al. [116] nachweisen konnten, ein enger Zusammenhang zwischen der Absorption bei $\lambda = 360$ nm und dem YI besteht.

Infrarotspektroskopie

Die Infrarotspektroskopie (IR-Spektroskopie) wird häufig zur quantitativen Bestimmung bekannter Substanzen, deren Identifikation anhand eines Referenzspektrums vorgenommen wird, verwendet. Zudem kann die IR-Spektroskopie zur Strukturaufklärung unbekannter Substanzen genutzt werden. Weiterhin findet die IR-Spektroskopie häufig Anwendung bei der Analyse und Charakterisierung von Polymeren. Die Infrarotstrahlung wird dabei in drei Wellenlängenbereiche unterteilt; nahes Infrarot (NIR) von 0,78–3 μm, mittleres Infrarot (MIR) von

3–50 μm sowie fernes Infrarot (FIR) im Bereich von 50 μm bis 1 mm. Die IR-Spektroskopie findet zumeist im MIR in einem Wellenzahlbereich $\tilde{\nu}$ von 4000–400 cm^{-1} (entspricht einer Wellenlänge λ von 2,5–25 μm) statt. Die Wellenzahl $\tilde{\nu}$ ist der reziproke Wert der Wellenlänge und hat sich aufgrund der Proportionalität zur Energie für die IR-Spektroskopie durchgesetzt. [147,149] Die IR-Strahlung ist im Vergleich zur UV- oder sichtbaren Strahlung deutlich weniger energiereich, sodass in diesem Bereich keine Elektronenübergänge wie bei der UV/vis-Spektroskopie stattfinden. Stattdessen führt die absorbierte IR-Strahlung zur Schwingungs- und Rotationsanregung in den Molekülen. Die Absorption bei spezifischen Wellenzahlen sind von der molekularen Struktur abhängig, sodass eine sehr zuverlässige quantitative und qualitative Bestimmung von funktionellen Gruppen und Strukturmotiven möglich ist. [155] Somit können chemische Veränderungen, d. h. Veränderungen der Molekülstruktur sowie physikalische Strukturänderungen (z. B. Kristallisation) durch die Ausbildung und Verschiebung bzw. das Verschwinden von spezifischen Absorptionsbanden detektiert werden [94].

Die Fourier-Transform-Infrarotspektroskopie (FTIR) ist eine spezielle, auf Interferometrie basierende Variante der IR-Spektroskopie, die heutzutage standardmäßig verwendet wird. Der Vorteil der FTIR-Spektroskopie gegenüber dispersiver Spektrometrie liegt darin, dass das Abtasten der Wellenlängen entfällt, was zu einer erheblichen Zeitersparnis führt. Zudem bietet die Methode eine höhere spektrale Auflösung (Wellenzahl-Präzision) in Kombination mit einem besseren Signal-Rausch-Verhältnis. Der Aufbau des FTIR-Spektrometers (Abbildung 3.16) basiert auf einem Interferometer, um die Wellenlängen einer Breitband-Infrarotquelle zu modulieren.

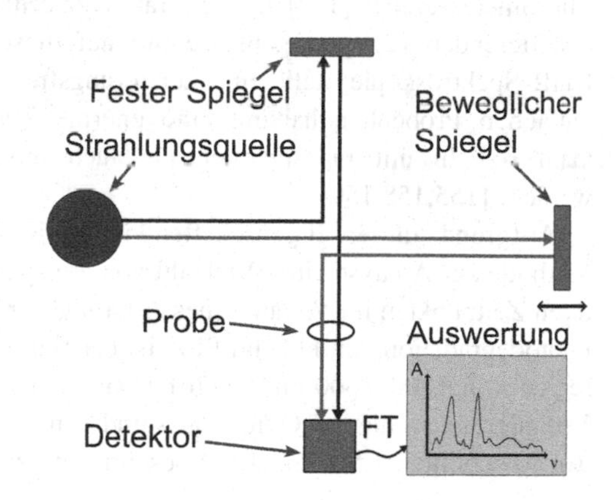

Abbildung 3.16
Schematische Darstellung des Fourier-Transform-Infrarotspektrometers. Das Interferogramm wir über Fourier-Transformation (FT) in ein Infrarotspektrum umgewandelt. In Anlehnung an [156]; mit freundlicher Genehmigung von © Elsevier (2007)

Die von der Infrarotquelle ausgestrahlte Strahlung wird durch einen Strahlteiler geteilt. Der eine Teil des Strahls wird zu einem festen Spiegel reflektiert und von dort zurück zum Strahlteiler. Der andere Teil des Strahls passiert den Strahlteiler beim ersten Zusammentreffen und wird von einem beweglichen Spiegel zurück zum Strahlteiler reflektiert, wo beide Strahlen wieder zusammentreffen. Die Strahlen interferieren, sodass es zu einer konstruktiven oder destruktiven Interferenz, abhängig von der optischen Wegdifferenz und den enthaltenen Frequenzen, kommt. Durchquert die so modulierte Strahlung eine absorbierende Probe, werden der Strahlung Komponenten entzogen, und das Interferogramm ändert sich. Bei der Anwendung werden die Interferogramme der Probe und der Leermessung nacheinander aufgenommen und voneinander subtrahiert. Das am Detektor erhaltene Interferogramm wird von einem Computer mit Hilfe der Fourier-Transformation (FT) in ein Einkanal-Infrarotspektrum umgewandelt. Als Infrarotlichtquellen werden Plancksche-Strahler, die elektrisch zum Glühen gebracht werden, verwendet. [149,156]

Die Methode der abgeschwächten Totalreflexion (Attenuated Total Reflection; ATR), bietet für die meisten Anwendungsfälle eine weitere Verbesserung zur konventionellen IR-Spektrometrie. Bei der ATR-FTIR-Spektroskopie wird die IR-Strahlung, wie in Abbildung 3.17 gezeigt, in einem Wellenleiter (ATR-Kristall) in Totalreflexion geführt. In einem möglichst geringen Abstand zum Wellenleiter wird die Probe durch ein Anpresselement eingespannt. Durch die Totalreflexion der Analysestrahlung bilden sich evaneszente Felder aus, die außerhalb der Grenzfläche des ATR-Kristalls mit der Probe wechselwirken. Die gemessenen Absorptionsspektren entsprechen denen der normalen FTIR-Spektroskopie. Es ist jedoch zu beachten, dass die evaneszenten Felder nur im Nano- bis Mikrometerbereich [157] in die Materialoberfläche eindringen, sodass sich die resultierenden Analyseergebnisse nur auf diesen Bereich beziehen. Die ATR-FTIR-Spektroskopie stellt eine zerstörungsfreie Methode da, die aufgrund der einfachen Probenhandhabung eine enorme Zeitersparnis mit sich bringt. Sie kann sowohl mit Flüssigkeiten als auch mit Festkörperproben durchgeführt werden. [155,158,159]

Aufgrund dieser Eigenschaften ist ATR-FTIR-Spektroskopie eine ideale Methode zur Analyse einer Vielzahl von transparenten Festkörperproben zu mehreren Zeitpunkten im Verlauf eines Alterungsversuchs. Für den speziellen Fall der Photodegradation von PC und PLA ist der Bereich um die so genannte Carbonylregion von 1900–1600 cm^{-1} von besonderem Interesse. In diesem Bereich sind Veränderungen, die auf Oxidations- und Umlagerungsprozesse hinweisen, wie in den Abschnitten 1.5.2 und 1.5.3 beschrieben, zu erwarten [94].

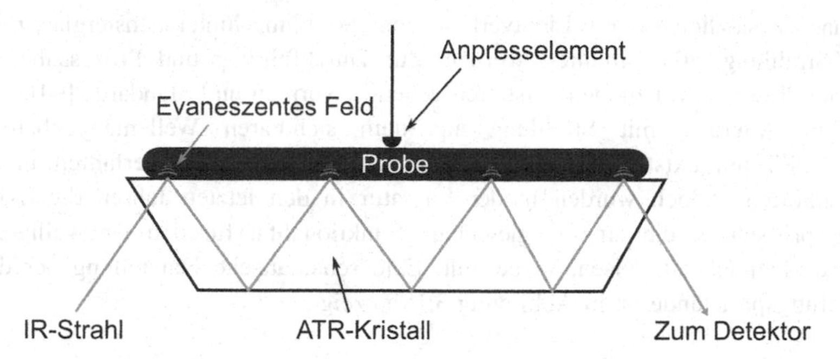

Abbildung 3.17 Skizzierung der ATR-Methode für die FTIR-Spektroskopie mit eingespanntem Probenkörper

3.6 Prüfstände zur zeitgerafften Photoalterung

Um Veränderungen der Eigenschaften von Materialien infolge von Bestrahlung in experimentellen Aufbauten zu untersuchen, werden spezielle Alterungsprüfstände verwendet. Zur zeitgerafften Durchführung der Experimente im Vergleich zu realen Bedingungen (optische Kunststoffkomponenten in Leuchten, Materialien im Außenbereich, etc.) werden die Materialien in den Alterungsprüfständen Bestrahlungsstärken ausgesetzt, die gegenüber den Anwendungsbedingungen um ein Vielfaches erhöht sind. Durch die massiv erhöhte Anzahl an pro Zeiteinheit auf das Material treffenden Photonen, können Alterungseffekte in beschleunigter Weise simuliert werden. Mittels geeigneter Versuchsbedingungen ist dafür Sorge zu tragen, dass durch die erhöhte Bestrahlungsstärke keine von der Praxis abweichenden Veränderungen im Material auftreten. Auf diese Weise laufen die Photodegradationsprozesse durch die erhöhte Bestrahlungsstärke lediglich schneller ab [96].

Zur gezielten organischen Synthese von Stoffen durch Photokatalyse haben Le et al. [160] ein Prüfverfahren inklusive Prüfaufbau vorgestellt. Für eine allgemeine zeitgerafften Alterung von Materialien durch UV-Strahlung existieren standardisierte Verfahren. Diese Verfahren werden häufig als Bewitterungstest bezeichnet, da zur Alterung ein standardisiertes Spektrum für simulierte Solarstrahlung gemäß CIE85 [161] (2020 zurückgezogen) oder CIE241 [162] verwendet wird. In der Regel werden für diese Art der Alterung kommerzielle Bewitterungskammern, z. B. von der Firma ATLAS (Illinois, USA), verwendet. In Abhängigkeit von den verwendeten Bestrahlungsquellen (Xenonbogen-, Metallhalogenid- oder Fluoreszenzlampen) und vom verwendeten Filterelement können zusätzlich weitere Lichtverteilungen (Strahlung hinter Fensterglas, reine UV-Strahlung, etc.) simuliert werden. Zur Durchführung und Prozessüberwachung dieser Prüfmethoden existieren geltende Normen und Standards [94].

Zur Alterung mit Strahlung aus dem sichtbaren Wellenlängenbereich $\lambda > 380$ nm existieren keine solchen standardisierten Prüfverfahren und -apparaturen, jedoch wurden in der Literatur in den letzten Jahren drei Alterungsprüfstände, die eine vergleichbare Funktionalität für den langwelligeren Spektralbereich aufweisen, vorgestellt. Eine schematische Darstellung der drei Alterungsprüfstände ist in Abbildung 3.18 gezeigt.

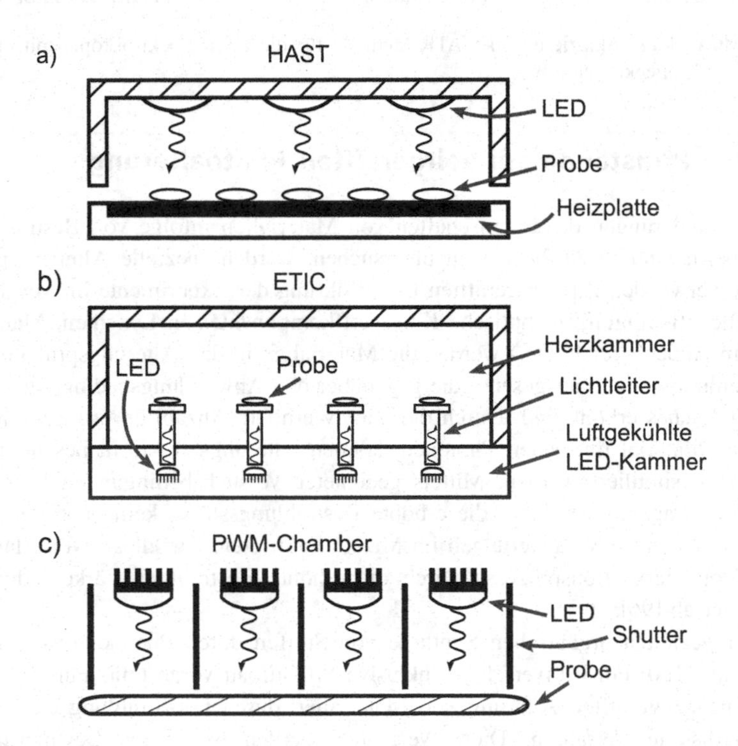

Abbildung 3.18 Skizzen der bekannten Prüfstände zur zeitgerafften Photoalterung: a) Highly Accelerated Stress Test (HAST), b) Elevated Temperature Irradiance Chamber (ETIC), c) Pulsweitenmodulations (PWM) -Chamber

Yazdan Mehr et al. [163] beschrieben 2016 den sog. *Highly Accelerated Stress Test* (HAST). In diesem Aufbau werden Probenkörper zur Temperierung auf einer Heizplatte gelagert und mit mehreren über den Probenkörpern angebrachten blauen LEDs bestrahlt (vgl. Abbildung 3.18a). Eine Überwachung der Alterungsparameter findet nicht statt. Im Jahr 2019 veröffentlichten Gandhi et al. [116] eine Beschreibung der *Elevated Temperature Irradiance Chamber* (ETIC). Das Licht von blauen LEDs wird innerhalb dieses Aufbaus über Lichtleiter zu einzeln gelagerten Probenkörpern transportiert. Die Proben befinden sich zur Temperierung innerhalb einer Temperaturkammer wobei die zur Alterung verwendeten LEDs unterhalb der Kammer luftgekühlt werden (vgl. Abbildung 3.18b). Die Temperatur der Proben wird über Thermoelemente erfasst. Dieser Aufbau wurde von der CSA Group (Redmond, USA) hergestellt, steht jedoch nicht mehr zum Erwerb zur Verfügung. Schließlich beschrieben Sikora et al. [108] ebenfalls im Jahr 2019 einen einfachen Aufbau, u. a. bestehend aus einer Weißlicht-LED, die ohne Temperaturmanagement oberhalb einer Probenplatte positioniert wird (nachfolgend als *PWM-Chamber* bezeichnet). In diesem Aufbau wird eine einzelne große Probenplatte mit mehreren unterschiedlich angesteuerten LEDs gealtert, wobei die einzelnen von den LEDs bestrahlten Probenbereiche durch Shutter (Trennwände) voneinander getrennt sind (vgl. Abbildung 3.18c). Der Fokus dieses Aufbaus liegt auf der Realisierung unterschiedlicher Pulsweitenmodulationen der LED, um Strukturveränderungen auf der Probenoberfläche in Abhängigkeit von der verwendeten Betriebsart (und Spektrum) der LED zu untersuchen und nicht auf einer detaillierten und nachvollziehbaren zeitgerafften Alterung. Eine Zusammenfassung der wichtigsten Betriebsparameter dieser bekannten Prüfstände ist Tabelle 3.1 zu entnehmen.

Tabelle 3.1 Aus der Literatur bekannte Prüfstände zur zeitgerafften Alterung durch sichtbare LED-Strahlung

Bezeichnung	Lichtart	Temperaturbereich	Leistungs-angaben	Über-wachung
HAST [163]	Blau, (450 nm)	~80–140 °C	$\leq$ 13,2 kW/m^2	nein
ETIC [116]	Blau, (400–500 nm)	90–120 °C	50 kW/m^2	Proben-temperatur
PWM-Chamber [108]	Weiß, (380–780 nm)	Keine Angaben	$P_{el\,LED} = 1$ W	nein

Diese Prüfstände zur zeitgerafften optischen Alterung (Alterung mit Strahlung aus dem sichtbaren Wellenlängenbereich) von Proben sind, soweit es dem Autor bekannt ist, nicht oder nicht mehr kommerziell nutzbar. Um die Anforderungen an die in dieser Arbeit durchgeführten Alterungstests zu erfüllen, wird daher ein neues Prüfverfahren entwickelt und validiert, das auf den Informationen aus den beschriebenen Prüfständen aufbaut, jedoch hinsichtlich eines ganzheitlichen und nachvollziehbaren Alterungsprozesses verbessert wird. Die Gesamtheit der Entwicklung wird im Folgenden als Prüfverfahren bezeichnet. Eine detaillierte Beschreibung des Prüfverfahrens ist im nachfolgenden Kapitel 4 präsentiert.

4 Prüfverfahren zur zeitgerafften optischen Alterung – MLTIS

Zur Durchführung von nachvollziehbaren und ganzheitlichen Alterungsversuchen wird ein neues Prüfverfahren zur stark zeitgerafften Alterung von Kunststoffproben durch blaue LED-Strahlung entwickelt. Das Prüfverfahren hat die Bezeichnung *Monitored Liquid Thermostatted Irradiation Setup,* kurz MLTIS. Bei der Entwicklung des Prüfverfahrens erfolgt eine Orientierung an den Konzepten der bestehenden Prüfstände (vgl. Tabelle 3.1), wobei der MLTIS so entwickelt wird, dass er in Bezug auf Genauigkeit, Handhabung, Skalierbarkeit und Leistungsparameter Vorteile gegenüber den bestehenden Prüfständen aufweist. Die im Vorhinein festgelegten wesentlichen Anforderungen an das Prüfverfahren sind nachfolgend aufgelistet:

- Alterung im sichtbaren Wellenlängenbereich durch eine schmalbandige blaue LED
- Hohe optische Bestrahlungsleistung für einen hohen Beschleunigungsfaktor
- Temperierung der Proben unabhängig von der eingebrachten Strahlungsleistung der LED

Die in diesem Abschnitt vorgestellten Ergebnisse sind teilweise vorveröffentlicht in [43, 164, 167].

Ergänzende Information Die elektronische Version dieses Kapitels enthält Zusatzmaterial, auf das über folgenden Link zugegriffen werden kann https://doi.org/10.1007/978-3-658-41831-1_4.

M. Hemmerich, *Entwicklung und Validierung eines Prüfverfahrens zur Photodegradation von (Bio-)Kunststoffen unter statischer und dynamischer optischer Belastung*, Werkstofftechnische Berichte | Reports of Materials Science and Engineering, https://doi.org/10.1007/978-3-658-41831-1_4

- Überwachung der Betriebsparameter (emittierte Strahlungsleistung, Temperatur) während der gesamten Versuchsdauer
- Große und ggf. veränderbare Probenkammer, um verschiedene Probengeometrien oder reale Komponenten testen zu können
- Voneinander unabhängige Alterung von Einzel- oder gleichartigen Proben in individuellen Kammern, zum Ausschluss gegenseitiger Beeinflussung der Proben während der Alterung und für eine mögliche Parallelisierung von Versuchen (Hochdurchsatzverfahren)

In den Abschnitten 4.1 bis 4.4 ist der Aufbau des MLTIS beschrieben und es wird erläutert, wie die Anforderungen an den MLTIS durch das gewählte Design erfüllt werden. Zudem wird auf die Funktionsweise im Detail eingegangen.

4.1 Konzeptionierung des MLTIS

Das grundlegende Design des MLTIS ist in Abbildung 4.1 skizziert. Die Probenkammer besteht im Wesentlichen aus einem doppelwandigen, zylinderförmigen Edelstahlgefäß, in dem die Probe zur Alterung mittig positioniert wird. Das Edelstahlgefäß ist eine anwendungsbezogene Eigenanfertigung mit einem inneren Durchmesser von $d = 68$ mm und einer inneren Kammerhöhe von $h = 65$ mm. Ein weiteres Edelstahlgefäß (TSS-G 1000 W, KGW-Isotherm, Karlsruhe, Deutschland) mit einem inneren Durchmesser von $d = 100$ mm und einer Höhe von $h = 156$ mm ist für die Alterung größerer Proben verfügbar. Weitere Probenkammergeometrien können durch die modulare Bauweise bei Bedarf verwendet werden.

Die doppelwandige Kammer wird mit einem Fluid durchströmt, sodass eine Temperierung der Probenkammer ermöglicht wird. Realisiert wird dies durch ein Umwälzthermostat (Zirkulator 15 L, Advanced Digital, PolyScience Illinois, USA) mit einem Fassungsvermögen von $V = 15$ l. Die konkreten Möglichkeiten der Temperierung und der Zusammenhang zwischen Fluidtemperatur und Probentemperatur sind in Abschnitt 6.1.3 beschrieben. Zur optischen Alterung der Proben wird eine blaue Hochleistungs-LED (CLU048-1818C4-B455-XX, Citizen Electronics, Kamikurechi, Japan) mit mehreren in Reihe und parallel verschalteten Chips auf der Platine (Multi-Chip-On-Board; MCOB) verwendet. Die lichtemittierende Fläche der LED hat eine approximierte Fläche von $A = 380\ \text{mm}^2$. Die LED emittiert gemäß Datenblatt ein schmalbandiges Spektrum mit einer Peakwellenlänge zwischen $\lambda = 445$ nm und 465 nm [165]. Eine spektroskopische Untersuchung der Peakwellenlänge ist in Abschnitt 6.1.1 präsentiert.

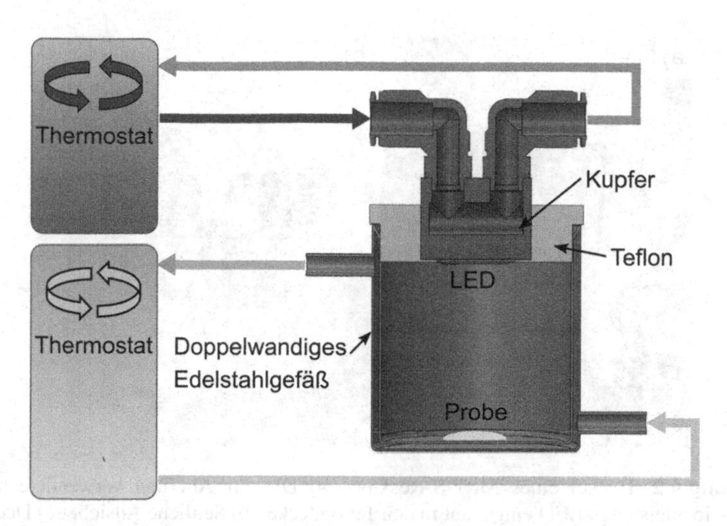

Abbildung 4.1 Schematischer Aufbau des *Monitored Liquid Thermostatted Irradiation Setup* (MLTIS). In Anlehnung an [164]

Die maximale elektrische Leistungsaufnahme beträgt $P_{el} = 202$ W. Angaben zu den Strahlungsleistungen und Bestrahlungsstärken innerhalb der Probenkammer werden in Abschnitt 6.1.1 und 6.1.2 dargeboten. Die für die Alterung verwendete Hochleistungs-LED ist oberhalb der Probe angebracht. Um eine lange Lebensdauer und einen hohen Wirkungsgrad zu gewährleisten, ist die LED wärmeleitend auf einem Kupferblock (Cu-ETP CW004A, Mecu GmbH, Velbert, Deutschland) montiert, der durch ein weiteres Umwälzthermostat (Zirkulator 7 L, Advanced Digital, PolyScience Illinois, USA) gespeist wird, sodass die LED bei konstanter Temperatur betrieben werden kann. Der Kupferblock ist wiederum formschlüssig in einen Teflondeckel (PTFE) eingelassen, der mit dem Rand des Edelstahlgefäßes abschließt. Die auf der Unterseite des Kupferblocks montierte LED ist in Abbildung 4.2a (Unterseite des Deckels) gezeigt. Abbildung 4.2b zeigt die seitliche Ansicht des Deckels mit den Anschlusstücken für die Fluidkühlung. Sowohl die Geometrie des Teflondeckels als auch die Wasserführung durch den Kupferblock sind CNC gefräst.

Kupfer weist im Vergleich zu anderen Metallen eine sehr gute Wärmeleitfähigkeit ($k_{20} = 394$ W/m · K [166]), bei einem geringen Preis und einer guten Verarbeitbarkeit auf, sodass die von der LED entstandene Wärme schnell und effizient abgeführt werden kann. Teflon weist im sichtbaren Wellenlängenbereich einen sehr hohen Reflexionsgrad von rund 91 % auf, wodurch ein großer Anteil

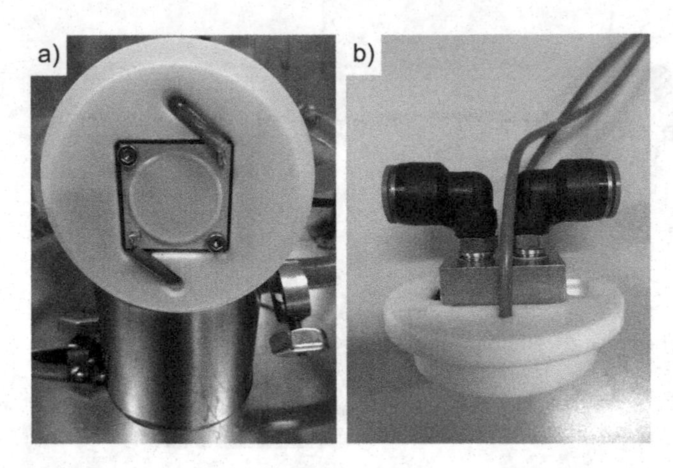

Abbildung 4.2 Deckel eines MLTIS-Reaktors: a) Die zur Alterung verwendete blaue MCOB-Hochleistungs-LED eingebaut in den Teflondeckel. b) Seitliche Ansicht des Deckels mit dem Kupferblock und den Anschlussstücken für die Fluidkühlung

der Strahlung zurück in die Probenkammer reflektiert wird. Zudem ist Teflon innert, sodass keine Wechselwirkungen mit der Strahlung oder der Probe zu erwarten sind. In Abbildung 4.3 ist ein Reaktor des MLTIS präsentiert. Auf die am MLTIS-Reaktor angebrachten Sensoren wird im nächsten Abschnitt genauer eingegangen.

Um einen höheren Probendurchsatz und eine bessere Vergleichbarkeit zu realisieren, existieren aktuell insgesamt zwölf MLTIS-Reaktoren. Da laut DIN EN 62471 *Photobiologische Sicherheit von Lampen und Lampensystemen* [168] die verwendeten LEDs mindestens in die Risikogruppe 2 (mäßiges Risiko) einzuordnen sind, jedoch aufgrund der verwendeten hohen Lichtströme und der sehr energiereichen kurzwelligen blauen Strahlung von einem höheren Risiko für den Benutzenden (Schädigung der Augen) ausgegangen werden muss, sind die MLTIS-Reaktoren in strahlungssichere Einhausungen (Light-Shields) integriert. Durch gelb getönte Kunststoffscheiben, die ein hohes Maß an blauer Strahlung absorbieren, können die Reaktoren im Inneren der Einhausung während des Versuchs sicher kontrolliert werden. Vier MLTIS-Reaktoren in strahlungssicheren Einhausungen sind in Abbildung 4.4 gezeigt. Die Entwicklung der Einhausungen erfolgt entsprechend der vorgegebenen Reaktorgeometrien und der benötigten Schlauch- und Kabeldurchführungen. Gefertigt sind die Einhausungen aus Aluminiumplatten und -profilstangen.

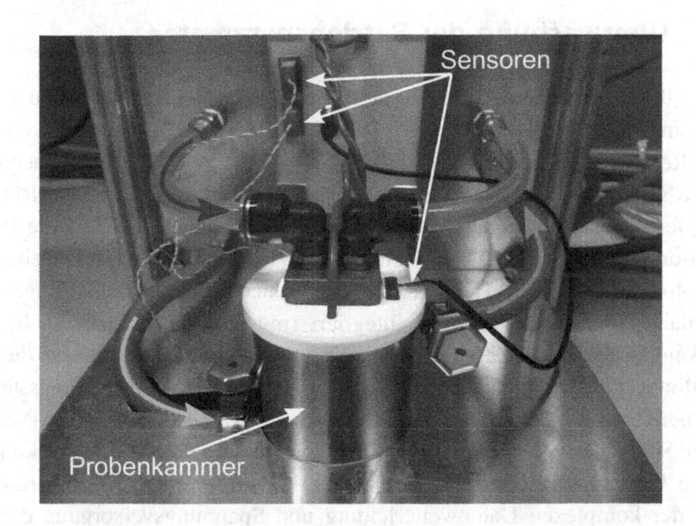

Abbildung 4.3 Foto eines MLTIS-Reaktors mit angeschlossenen Schläuchen für die Temperierung der Probenkammer (unten) und der LED-Kühlung (oben). Zusätzlich sind zur Überwachung der Betriebsparameter mehrere Sensoren verbaut. In Anlehnung an [43,167]

Abbildung 4.4 Vier MLTIS-Reaktoren in strahlungssicheren Einhausungen (Light-Shields). Die Reaktoren können durch eine getönte Kunststoffscheibe überwacht werden

4.2 Überwachung der Betriebsparameter

Um eine über die gesamte Versuchsdauer nachvollziehbare Alterung zu gewährleisten, sind mehrere Sensoren zur Überwachung der Betriebsparameter an jedem MLTIS-Reaktor angebracht (Abbildung 4.3). Jeweils zwei Thermoelemente vom Typ K (RS Components, Frankfurt am Main, Deutschland) sind auf der Rückseite des Kupferblocks und des Edelstahlgefäßes angebracht, um indirekt die Probenkammertemperatur und die LED-Temperatur zu überwachen. Des Weiteren ist eine Photodiode (SFH 230 P, OSRAM Opto Semiconductors GmbH, Regensburg, Deutschland) in den Teflondeckel integriert (mit der Sensorfläche in Richtung Probenkammerboden), sodass die photoempfindliche Fläche, Strahlung, die durch den Teflondeckel dringt, detektiert. So kann indirekt die Bestrahlungsstärke in der Probenkammer abgeschätzt werden. Zur Aufnahme und weiteren Verarbeitung der Sensordaten ist in jedem MLTIS-Reaktor ein Arduino Mikrokontroller (Arduino Uno, Adafruit Industries, New York, USA) verbaut. Zur Veranschaulichung der komplexen Datenweiterleitung und Spannungsversorgung dient das Schaubild in Abbildung 4.5, in dem die Verbindungen für drei MLTIS-Reaktoren skizziert sind. Jeder MLTIS-Reaktor wird durch ein separates Netzteil betrieben, wobei jeweils sechs Netzteile in einem gemeinsamen Rack[1] verbaut sind. Bei den Netzteilen handelt es sich um programmierbare und netzwerkfähige Netzteile der Firma TDK (Genesys 750 W, TDK-Lambda, Tokyo, Japan) mit einer Maximalleistung von $P_{el} = 750$ W.

Um die Anzahl an Versorgungkabeln gering zu halten, ist die LED-Spannungsversorgung mit einer für die Mikrokontroller benötigten, externen Versorgungsspannung ($U = 5$ V) zusammen in einem vierpoligen Kabel zu den einzelnen Reaktoren verlegt. Zusammen mit den Mikrokontrollern ist jeweils ein Netzwerkadapter (Arduino Ethernet Shield 2, Adafruit Industries, New York, USA) an jedem Reaktor verbaut. Dadurch erhält jeder MLTIS-Reaktor eine spezifische IP-Adresse, sodass ein einfaches Senden und Zuordnen der Daten zu den jeweiligen Reaktoren ermöglicht wird. Die vom Mikrokontroller empfangenen Daten werden mittels des Netzwerkadapters über ein Netzwerkkabel an einen Netzwerk-Switch und von dort zu einem zentralen Steuerrechner übertragen. Dadurch können die Alterungsversuche ganzheitlich und nachvollziehbar überwacht und parallel ablaufende Versuche miteinander verglichen werden.

[1] Engl. für „Gestell“ oder „Rahmen“, in dem Komponenten zu einer Einheit zusammengefasst verbaut werden können.

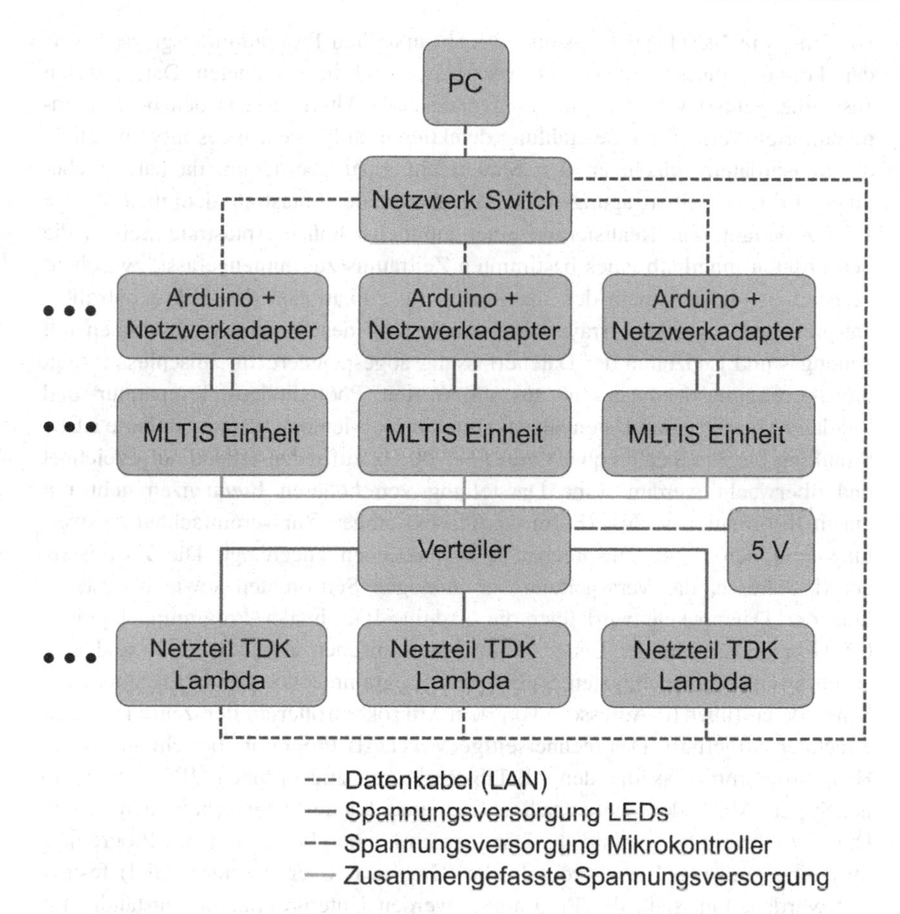

Abbildung 4.5 Auszug aus der Struktur zur Spannungsversorgung und der Datenweiterleitung für drei MLTIS-Reaktoren. Weitere Reaktoren werden gleichermaßen angeschlossen

4.3 Software zum Senden und Empfangen von Alterungsparametern

Bevor die analogen Spannungswerte der Sensoren (zwei Temperaturwerte, ein Photodiodenwert) der einzelnen MLTIS-Reaktoren sequentiell entsprechend ihrer zugeordneten IP-Adresse an den zentralen Steuerrechner übertragen und dort von einem in MATLAB (Version R2018b) erstellten Programm ausgelesen werden können, müssen die Daten verarbeitet und in geeigneten Datenpaketen zusammengefasst werden. Um bei dynamischen Alterungstests den pulsweitenmodulierten Verlauf der Bestrahlung detektieren zu können, ist es nicht möglich, die Sensordaten einzeln an den Steuerrechner zu übertragen, da hardwarebedingt für diese Übertragungsweise die maximale Abtastrate lediglich $f_{det} = 1{,}5$ Hz beträgt. Zur Realisierung einer möglichst hohen Abtastrate werden die Sensordaten innerhalb eines bestimmten Zeitraums zusammengefasst, zwischengespeichert und in einem den maximalen Spezifikationen des Mikrokontrollers entsprechenden großen Array (85 % Auslastung des Speichers) zusammen mit Anfangs- und Endzeiten der Datenerfassung abgespeichert. Im Anschluss erfolgt die Übertragung der insgesamt aus 600 Werten (Photodioden-, Temperatur- und Zeitdaten) bestehenden Datenpakete. Durch diese Methode kann modulierte LED-Strahlung bis zu einer Frequenz von $f = 900$ Hz zufriedenstellend aufgezeichnet und überwacht werden. Eine Darstellung von höheren Frequenzen geht mit einem Informationsverlust (Form des Pulses) einher. Zur vereinfachten Auswertung sind den Daten entsprechende Trennzeichen angehängt. Die Zuweisung der IP-Adresse, die Verarbeitung der analogen Sensordaten sowie die Erstellung der Datenpakete wird über die Arduino-IDE in der Programmiersprache C/C++ realisiert. In der Liste A1 im elektronischen Zusatzmaterial sind ausschnittsweise die wichtigsten Stellen des Programmcodes zur Übertragung der Sensordaten (über IP-Adressen) von dem Mikrokontroller an den zentralen Steuerrechner aufgeführt. Das rechnerseitige MATLAB-Programm besteht aus einem Hauptprogramm, das die den MLTIS-Reaktoren zugeordneten IP-Adressen in beliebigen Abständen sequenziell abfragt und lokale Datensicherungen anlegt. Die Aktualisierungsrate und die Dateinamen können beim Start des Programms über eine grafische Benutzeroberfläche (Graphical User Interface; GUI) festgelegt werden. Innerhalb des Programms werden Unterprogramme, zuständig für die einzelnen MLTIS-Reaktoren, aufgerufen. Das Programm ordnet die Sensordaten aus den Datenpaketen den Aufnahmezeitpunkten zu. Zusätzlich werden die Temperatur- und Photodiodenwerte anhand von Temperatur-Referenzmessungen und einer Raytracing-Simulation (vgl. Abschnitt 5.2.2) kalibriert. Abschließend können – wie in Abbildung 4.6 beispielhaft veranschaulicht – die Sensordaten aller MLTIS-Reaktoren graphisch dargestellt werden, sodass neben den gespeicherten Daten eine kontinuierliche visuelle Kontrolle der Alterungsparameter während der gesamten Versuchsdauer ermöglicht wird.

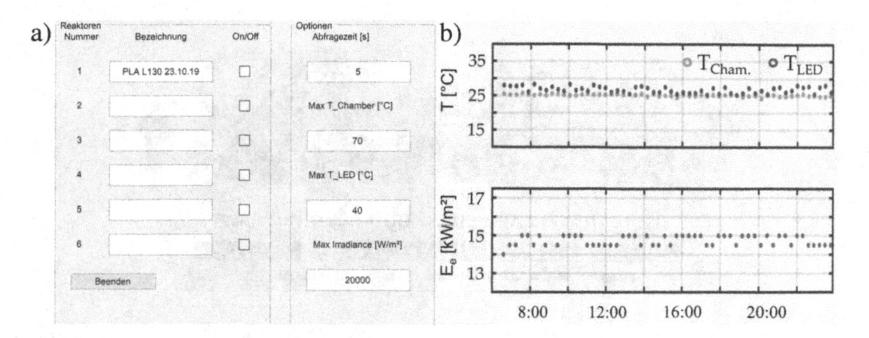

Abbildung 4.6 a) GUI des rechnerseitigen MATLAB-Hauptprogramms zur Initialisierung der MLTIS-Reaktoren. b) Grafische Darstellung der Sensordaten eines MLTIS-Reaktors während der Laufzeit eines Alterungsversuchs. In Anlehnung an [164]

4.4 Modulationselektronik zum dynamischen Betrieb der LED

Zur Durchführung von dynamischen Alterungstests wird im Rahmen dieser Arbeit eine spezielle Modulationselektronik entwickelt, um die hohen elektrischen Leistungen der LEDs mit Frequenzen bis zu f = 100 kHz bei einem beliebig einstellbaren Tastgrad von 0–100 % modulieren zu können. Die in Abbildung 4.7 gezeigte Modulationselektronik ist als portable Einheit ausgelegt, sodass es an beliebigen Positionen innerhalb des Versuchsaufbaus in den Stromkreis zwischen den Netzteilen und den LEDs angeschlossen werden kann. Die Elektronik ist so konzipiert, dass sechs MLTIS-Reaktoren (durch sechs gleiche Übertragungsschaltungen) gleichzeitig pulsweitenmoduliert betrieben werden können. Zusätzlich zu den Ein- und Ausgangsbuchsen existieren für jeden MLTIS-Reaktor Messbuchsen für den Anschluss eines Oszilloskops (Abbildung 4.7a).

Die Übertragungsschaltungen (jeweils eine für jeden MLTIS-Reaktor) des Elektronikmoduls bestehen im Wesentlichen aus einem Optokoppler (863-FOD8480 Onsemi, Phoenix, USA) und einem Transistor (MOSFET; FQD13N10L, Onsemi, Phoenix, USA). Zusätzlich wird ein Mikrokontroller als Taktgeber für alle Übertragungsschaltungen verwendet (Abbildung 4.7b). Bei dem Mikrokontroller handelt es sich um einen Arduino DUE (Arduino DUE, Adafruit Industries, New York, USA), dessen integrierter Quarzoszillator ausreichend hohe externe Taktfrequenzen von bis zu f = 16 MHz ermöglicht, wobei er über acht unabhängige Ausgänge (Timer) zur Ansteuerung der sechs

a)

b)

Abbildung 4.7 a) Portables Elektronikmodul mit Anschlüssen zur Frequenz- und Pulsweitenmodulation von bis zu sechs MLTIS-Reaktoren. b) Ansicht des geöffneten Elektronikmoduls. Ein Mikrokontroller dient als Taktgeber für alle sechs Übertragungsschaltungen. In Anlehnung an [167]

Übertragungsschaltungen verfügt. Die Übertragungsschaltungen sind auf Leiterplatinen (Printed Circuit Board; PCB) aufgebracht. Der Optokoppler auf den Schaltungen trennt die Steuer- und Lastseite galvanisch voneinander, wobei das Taktsignal des Mikrokontrollers über den Optokoppler optisch an die Lastseite der Übertragungsschaltung übertragen wird. Auf der Lastseite dient der verwendete MOSFET-Transistor als Schalter zur zeitlichen Modulierung der LED. Ein zusätzlicher Kondensator wird zur Spannungsglättung der Versorgungsspannung verwendet. Des Weiteren kann über definierte Messwiderstände indirekt der elektrische Strom, der durch die LED fließt, mit einem Oszilloskop ermittelt werden. Der Schaltplan mit einer detaillierten Beschreibung ist in Abbildung A1 im elektronischen Zusatzmaterial präsentiert. Die Übertragungsschaltung erzeugt eine Rechteckmodulation des LED-Stroms. Zur Quantifizierung von periodischen Strömen wird – wie in Abschnitt 3.3.2 ausgeführt – der Effektivstrom gemäß Formel 2 bestimmt. Der Effektivwert einer Größe wird in der Elektrotechnik zur

Umrechnung der elektrischen Leistung von Gleich- in Wechselstromgrößen verwendet. So beschreibt ein gleicher Effektivwert eines Wechselstroms und eines Gleichstroms, dass innerhalb einer Zeitspanne die gleiche Menge an Leistung an einem elektrischen Verbraucher umgesetzt wird.

Eine Einschränkung der entwickelten Modulationselektronik besteht für Frequenzen von $f > 50$ kHz. Ab diesen Frequenzen können die Signale des Taktgebers lastseitig nicht mehr verzerrungsfrei wiedergegeben werden. Es entstehen Überschwingungen und ungenaue Flanken des Signals. Abbildung A2 im elektronischen Zusatzmaterial zeigt das Oszilloskop-Signal für eine Frequenz von $f = 100$ kHz und einen Tastgrad von $DC = 50$ %. In dieser Arbeit wird daher eine weitere Übertragungsschaltung entwickelt [169]. Hierbei wird eine Kombination von getrennt angesteuerten Transistoren genutzt, um ein Überhitzen aufgrund von Verlustleitungen bei höheren Frequenzen zu minimieren. Zusätzlich werden induktive Tiefpassfilter eingesetzt, um die Störsignale zu minimieren und die Flankensteilheit zu verbessern. Dadurch können zufriedenstellende Rechtecksignale mit Frequenzen von bis zu $f = 100$ kHz realisiert werden. Oberhalb dieser Frequenz nimmt allerdings die maximal schaltbare elektrische Leistung deutlich ab, sodass sich die von der LED emittierte Strahlungsleistung reduziert. Die Möglichkeit LED-Frequenzen bis zu $f = 100$ kHz realisieren zu können, kann für zukünftige Forschungsarbeiten, bei denen die Materialreaktionen auf gepulste Strahlung näher untersucht werden soll, eine wichtige Rolle spielen. Da jedoch bei den in dieser Arbeit beschriebenen Versuchen ausschließlich das eingangs entwickelte Elektronikmodul verwendet wird, wird auf eine detailliertere Beschreibung der Funktionsweise der zweiten Version verzichtet.

5 Methoden und apparative Parameter zur Untersuchung der Polymeralterung

Bei den durchgeführten Alterungstests werden die in Abschnitt 3.2 beschriebenen Kunststoffe für optische Anwendungen PC und PLA untersucht. Im folgenden Abschnitt 5.1 wird auf die konkret ausgewählten Kunststoffe, die Herstellung der Probenkörper sowie auf die Analysemethoden und verwendeten Parameter zur Untersuchung der Polymeralterung eingegangen. Zudem werden die Messmethoden zur Bestimmung der Betriebsparameter des entwickelten Prüfverfahrens beschrieben (vgl. Abschnitt 5.2). Weiterhin werden die Möglichkeiten zur Positionierung der Probenkörper erläutert (vgl. Abschnitt 5.3) sowie mögliche Messmethoden zur Detektion von optisch induzierten mechanischen Schwingungen beschrieben (vgl. Abschnitt 5.4).

5.1 Polymerprobenvorbereitung und -charakterisierung

Die nachfolgenden Abschnitte beschreiben die Auswahl der verwendeten Kunststoffe sowie die Herstellung der Probenkörper im Spritzgussverfahren. Zudem sind die Methoden und Analyseparameter, die zur Charakterisierung der Proben im Verlauf der optischen Alterungsversuche verwendet werden, präsentiert.

Die in diesem Abschnitt vorgestellten Ergebnisse sind teilweise vorveröffentlicht in [43, 164, 167].

Ergänzende Information Die elektronische Version dieses Kapitels enthält Zusatzmaterial, auf das über folgenden Link zugegriffen werden kann https://doi.org/10.1007/978-3-658-41831-1_5.

M. Hemmerich, *Entwicklung und Validierung eines Prüfverfahrens zur Photodegradation von (Bio-)Kunststoffen unter statischer und dynamischer optischer Belastung*, Werkstofftechnische Berichte | Reports of Materials Science and Engineering, https://doi.org/10.1007/978-3-658-41831-1_5

5.1.1 Polymerauswahl

Polycarbonat Tarflon LC1500
Um praxisrelevante Alterungstests durchzuführen, wird ein gebräuchliches PC, mit der Bezeichnung Tarflon LC 1500 (Idemitsu Kosan, Tokio, Japan) ausgewählt. Tarflon LC1500 wird häufig in Beleuchtungssystemen zur Herstellung von optischen Kunststoffkomponenten, wie Lichtleitern oder Linsen, genutzt. Das Material zeichnet sich durch seine hohe Transparenz von T = 90 % (DIN EN ISO 13468–1 [170]), seine hohe Schlagzähigkeit $a_c = 15$ kJ/m^2 (DIN EN ISO 179–1 [171]) sowie eine hohe Wärmeformbeständigkeit bis $\vartheta = 135$ °C [172] aus. Aufgrund der speziellen Auslegung für die Verwendung als Kunststoff für optische Anwendungen, ist davon auszugehen, dass Tarflon LC1500 hinsichtlich der Beständigkeit gegenüber Bestrahlung optimiert ist, sodass mögliche Alterungserscheinungen, die durch zeitgeraffte Versuche mit dem MLTIS evaluiert werden, eine hohe Aussagekraft haben und damit auch für die Anwendung in der Praxis sehr relevant sind.

Polylactid Luminy L130
Bei dem PLA handelt es sich um das PLA Luminy L130 (TotalEnergies Corbion, Gorinchem, Niederlande) [173]. PLA Luminy L130 ist ein hoch erhitzbares, mittelfließendes PLA-Homopolymer. Es hat gemäß DIN EN 16785–1 [174] einen biobasierten Anteil von 100 %. Luminy L130 ist in großen Mengen verfügbar und zeichnet sich durch eine gute Verarbeitbarkeit im Spritzgussverfahren und eine im Vergleich zu Standard-PLA (z. B. für Verpackungsmaterialien) hohe Schmelztemperatur von $\vartheta = 175$ °C aus. PLA Luminy L130 ist im amorphen (transparenten) Zustand bis etwa $\vartheta_G = 60$ °C wärmeformbeständig [173]. Weiterhin weist es eine sehr hohe Transmission im sichtbaren Wellenlängenbereich auf (Abbildung 3.7).

5.1.2 Spritzgussverfahren

Für die Alterungsversuche werden scheibenförmige Probenkörper aus PLA Luminy L130 und PC Tarflon LC1500 (nunmehr als PLA und PC bezeichnet) im Spritzgussverfahren hergestellt. Der Ablauf des Spritzgussprozesses ist in Abbildung 5.1 dargestellt. PLA- und PC-Granulate (a) werden unter Einsatz einer Spritzgussform aus Edelstahl (b) zu scheibenförmigen Probenkörpern (d) spritzgegossen. Die Probenkörper haben eine Dicke von l = 1,5 mm und einen Durchmesser von d = 20 mm. Zur Herstellung wird ein Spritzgussgerät (c) im

Labormaßstab (Minijet Pro, Thermo Fisher Scientific, Waltham, Massachusetts, USA) verwendet. Die Spritzgussparameter werden im Vorhinein optimiert, um die bestmögliche Transmission der Proben im sichtbaren Wellenlängenbereich zu erzielen. Die Spritzgussform ist jedoch nicht primär für die Herstellung optischer Proben vorgesehen, sodass die absolute Transmission u. a. durch die Oberflächenrauheit begrenzt ist. Aus einer Vielzahl an Chargen werden die Proben mit der höchsten und ähnlichsten Transmission im Wellenlängenbereich von 200–800 nm für die Alterungsversuche ausgewählt. Zur Reduzierung des Wassergehalts wird das Granulat vor dem Spritzgießen für mindestens $t = 24$ h bei $\vartheta = 60$ °C in einem Vakuumofen bei einem Druck von $p = 5$ mbar vorgetrocknet. Der durch den Spritzguss der Proben entstehende Anguss dient als Referenzpunkt für die Messmethoden und als Positionierungshilfe.

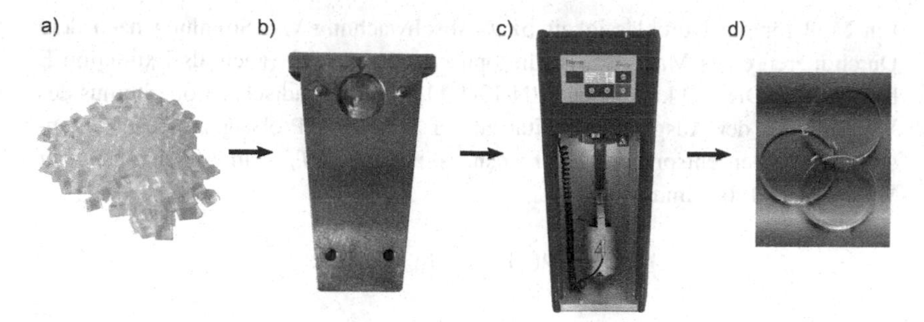

Abbildung 5.1 Ablauf des Spritzgussprozesses zur Herstellung der PLA- und PC-Probenkörper: a) Granulat, b) Spritzgussform, c) Spritzgussapparatur, d) transparente scheibenförmige Probenkörper

5.1.3 Charakterisierungsmethoden

UV/vis-Spektroskopie in Transmission

Zur Bestimmung der Transmission der Probenkörper wird die UV/vis-Spektroskopie verwendet. Die Transmission der Polymerproben wird dabei sowohl vor der Alterung, zur Bestimmung der Referenztransmission von unbelasteten Proben, als auch im Verlauf der optischen Alterung zu vordefinierten Zeitpunkten geprüft. Die UV/vis-Spektroskopie wird mit einem Zweistrahl-Spektrometer (UV-2600, Shimadzu, Kyoto, Japan) mit Doppelmonochromator, im Wellenlängenbereich von 200–800 nm mit einer Auflösung von $\lambda = 1$ nm bei mittlerer Scangeschwindigkeit durchgeführt. Um eine Vergleichbarkeit der

Analyseergebnisse während eines Versuchs (Messungen während der Alterung) und versuchsübergreifend zu gewährleisten, werden die UV/vis-Analysen jeweils an der gleichen Position auf der Probe vorgenommen. Hierzu wird eine 3D-gedruckte Schablone für das Gerät verwendet, mit der die Proben mittig im Hauptstrahlengang positioniert werden können (Abbildung 5.2). Der zweite Strahlengang dient als Referenz zur Aufzeichnung der Basislinie. Aus den Transmissionsspektren der Proben können mit der zugehörigen Software (UV Probe V. 2.70, Shimadzu, Kyoto, Japan) die Normfarbwerten X, Y und Z berechnet werden. Der YI für den 2°-Normalbeobachter und der Normlichtart C ist nach DIN 6167 [154] nach Gleichung 5.1 zu bestimmen:

$$YI = 100 \cdot (1,277 \cdot X - 1,059 \cdot Z)/Y \tag{5.1}$$

Ein Maß für die Durchlässigkeit bzw. Abschwächung von Strahlung nach dem Durchqueren eines Materials, ist die optische Dichte OD (auch als Extinktion E bezeichnet). Die OD kann nach DIN 1349 [175] als dekadischer Logarithmus des Verhältnisses der Ausgangsintensität zu der hinter der Probe gemessenen Intensität – oder den entsprechenden Transmissionswerten T_λ – in Abhängigkeit der Wellenlänge λ bestimmt werden:

$$OD(\lambda) = lg\left(T_{0,\lambda}/T_\lambda\right) \tag{5.2}$$

Zur Messung der Reflexion der Probenkammer des MLTIS aus Edelstahl und des Teflondeckels wird eine in das UV/vis-Spektrometer integrierbare Integrationskugel (ISR-2600 Integrating Sphere Attachment, Shimadzu, Kyoto, Japan) eingesetzt. Durch unterschiedliche Positionierung der Proben an den zwei Öffnungen der Kugel, kann sowohl die gerichtete als auch die diffuse Reflektion der Proben bestimmt werden. Zur Positionierung der Proben wird eine aus Teflon gefertigte Halterung verwendet. Nach DIN 5036–3 [176] wird Bariumsulfatpulver als Weißstandard zur Reflexionsmessung in der Integrationskugel empfohlen. Teflon kann allerdings als Alternative zu Bariumsulfat genutzt werden [177]. Die UV/vis-Spektroskopie der Proben wird sowohl vor, während als auch nach der Alterung an allen Proben durchgeführt.

Fourier-Transformations-Infrarotspektroskopie

Zur Untersuchung der molekularen Zusammensetzung und der infolge der optischen Alterung auftretenden Veränderungen in der Zusammensetzung der untersuchten Kunststoffe, wird die FTIR-Spektroskopie als Analyseverfahren

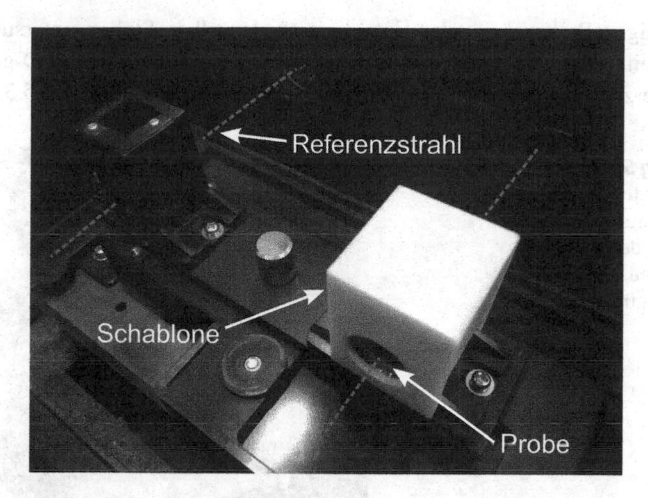

Abbildung 5.2 3D-gedruckte Schablone zur mittigen und senkrechten Positionierung der Proben in dem Hauptstrahl des UV/vis-Spektrometers. Die gestrichelten Linien stellen den Weg des Lichts dar

eingesetzt. Da die Oberflächen der Probenkörper der stärksten Bestrahlung ausgesetzt sind und somit davon auszugehen ist, dass an der Oberfläche die stärksten Alterungserscheinungen zu detektieren sind, wird die FTIR-Spektroskopie im ATR-Modus durchgeführt. Für den ATR-Modus wird ein ATR-Kristall aus Germanium verwendet. Die Untersuchungen werden mit dem Infrarotspektrometer (Nicolet iS50, Thermo Fisher Scientific, Waltham, USA) im mittleren IR-Bereich von 4000–400 cm^{-1} durchgeführt. Bei jeder Messung werden 20 Aufnahmen mit einer Auflösung von $\tilde{\nu} = 4$ cm^{-1} gemittelt. Zur Verbesserung der Vergleichbarkeit von Spektren, die bei unterschiedlichen Alterungszeiten aufgenommen sind, werden die Spektren aller Proben durch einen speziellen LabTalk-Algorithmus (Programmiersprache in Origin, OriginLab Corporation, Northampton, USA) bei $\tilde{\nu} = 1087$ cm^{-1} [178] für PLA und bei $\tilde{\nu} = 1014$ cm^{-1} [120] für PC normalisiert, da bei diesen Wellenzahlen keine Veränderungen zu erwarten sind. Darüber hinaus werden die Spektren an 23 Stellen in der Basislinie korrigiert. Die genauen Positionen der Basislinienkorrekturen sind Tabelle A1 aus dem elektronischen Zusatzmaterial zu entnehmen. Die FTIR-Spektroskopie der einzelnen Proben wird zu mehreren Zeiten im Verlauf der Alterung durchgeführt. Damit die jeweiligen Proben bei jeder Entnahme an denselben Stellen untersucht werden können, wird ebenso wie bei der UV/vis-Spektroskopie, eine 3D-gedruckte Schablone zur Positionierung angefertigt und verwendet (Abbildung 5.3).

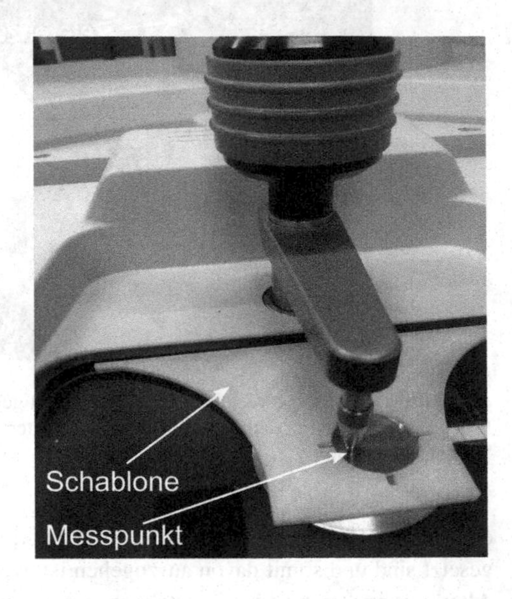

Abbildung 5.3 3D-gedruckte Schablone zur Positionierung der Proben auf dem ATR-Kristall des Infrarotspektrometers

Ultra-Mikro-Härteprüfung
Bei ausgewählten Versuchen werden an gealterten sowie an ungealterten Referenzproben instrumentierte eindringtiefengeregelte Ultra-Mikro-Härteprüfungen mit einem dynamischen Ultramikrohärteprüfgerät (DUH 211, Shimadzu, Kyoto, Japan) durchgeführt, um mögliche Veränderungen der mechanischen Eigenschaften, speziell an den Oberflächen der Proben, festzustellen zu können. Zur Evaluation der Ultra-Mikro-Härteprüfung werden die Kraft-Eindringtiefe-Kurven gemäß der Norm DIN EN ISO 14577 [179] zur Bestimmung der Martenshärte HM und des Eindringmoduls E_{IT}ausgewertet. Das Verfahren besteht aus einer Belastungs- und einer Entlastungsphase, wobei insbesondere das Verhalten des Materials während der Entlastung zuverlässige Aussagen über seine Steifigkeit liefert. Der Vorteil gegenüber der konventionellen Härteprüfung liegt in der Möglichkeit, elastische Eigenschaften zu charakterisieren. Die maximale Eindringtiefe wird auf $h_{max} = 5\ \mu m$, bei einer Haltezeit von $t_{hold} = 15$ s festgelegt, um das zeitabhängige viskoelastische Verformungsverhalten von polymeren Werkstoffen zu berücksichtigen.

Lichtmikroskopie
Ein Lichtmikroskop (Axiocam ERc5s, Carl Zeiss, Oberkochen, Deutschland) mit 5-fach Zoomobjektiv (EC Epiplan 5x/0,13 HD M27, Carl Zeiss, Oberkochen, Deutschland) wird verwendet, um visuelle Informationen, wie z. B. Risse, die im Verlauf der Alterung an der Oberfläche der Proben entstehen können, zu erhalten. Die Lichtmikroskopiebilder sind mit Hellfeldmikroskopie in Auflicht aufgenommen, da sich mit dieser Kombination der beste Materialkontrast für die transparenten Proben erzielen lässt.

Gelpermeationschromatographie
Zur Detektion von optisch induzierten Abbauerscheinungen in Kunststoff wird die molare Masse von Teilstücken ($m = 15{,}5$ mg für PC und $m = 10$ mg für PLA) der Proben vor und nach der Alterung durch Gelpermeationschromatographie bestimmt. Eine Abnahme der gewichtsgemittelten molaren Masse M_W lässt auf eine Verkürzung der Polymerketten durch Kettenbruch in Folge von Photooxidation schließen. Es wird ein Gelpermeationschromatographie-System (Prominence Liquid Chromatograph, Shimadzu, Kyoto, Japan) mit eingebauter Brechungsindexdetektion verwendet. PC wird in Tetrahydrofuran (THF, $\beta = 3{,}1$ mg/ml, HPLC-Qualität, Roth, Karlsruhe, Deutschland) und PLA in Chloroform ($CHCl_3$, $\beta = 2$ mg/ml, HPLC-Qualität, Sigma-Aldrich, St. Louis, USA) gelöst und vor der Injektion filtriert ($d_{pores} = 0{,}2\ \mu m$ PTFE, Macherey-Nagel, Düren, Deutschland). Die genannten Lösungsmittel werden auch als jeweilige flüssige Phase eingesetzt. Für beide Materialien beträgt die Flussrate $Q = 1$ ml/min bei einer Temperatur von $\vartheta = 30$ °C. Zur Kalibrierung wird ein PMMA Standard (mmkitr1, Polymer Standards Service, Mainz, Deutschland) verwendet.

Temperaturmessungen
Zur Bestimmung der vorherrschenden Temperatur im MLTIS-Reaktor wird zu Beginn jedes Alterungsversuchs eine Temperaturmessung durchgeführt. Zudem wird während dynamischer optischer Alterungsversuche, die Temperatur innerhalb der MLTIS-Reaktoren bzw. die Probenoberflächentemperaturen gemessen. Hierbei ist eine in situ-Messung der Temperatur, d. h. eine Bestimmung der Temperatur bei eingeschalteter LED und geschlossener Abdeckung, nicht möglich. Unterschiedliche Typen von Thermoelementen, die im Inneren des Reaktors positioniert werden können, absorbieren aufgrund der metallischen Oberflächen die direkte Strahlung der LED sehr stark, sodass keine valide Temperaturbestimmung des eigentlichen Messobjekts (hier transparente Probe) möglich ist. Eine pyrometrische Messung (z. B. Infrarotthermometer) ist ebenfalls nicht möglich, da der Reaktor aus Sicherheitsgründen lichtundurchlässig geschlossen sein muss. Aus

diesem Grund werden ortsaufgelöste Temperaturmessungen unmittelbar nach dem Ausschalten der LED und Abnehmen der Abdeckung (protokollierter Ablauf) mit einer IR-Kamera (VarioCAM HR, Infratec, Dresden, Deutschland) aufgenommen. Die IR-Kamera ist dabei statisch mithilfe eines Stativs parallel zur Probenoberfläche über dem MLTIS-Reaktor positioniert (Abbildung 5.4a). Vor den Temperaturmessungen wird eine Einlaufzeit der LED von mindestens $t = 20$ min festgelegt [180]. Abbildung 5.4b zeigt exemplarisch eine in Falschfarben dargestellte Temperaturmessung aus einem MLTIS-Reaktor.

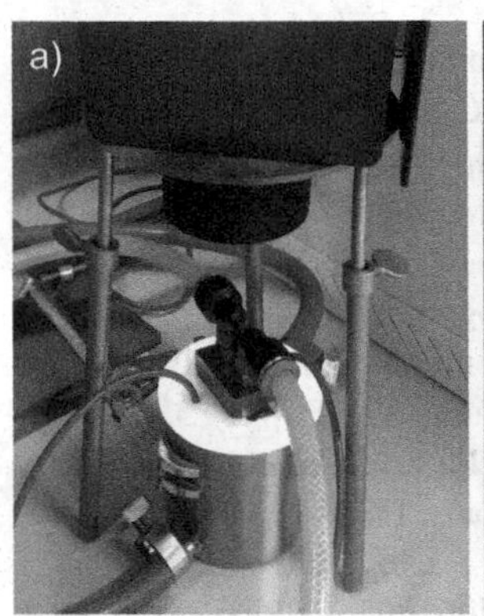

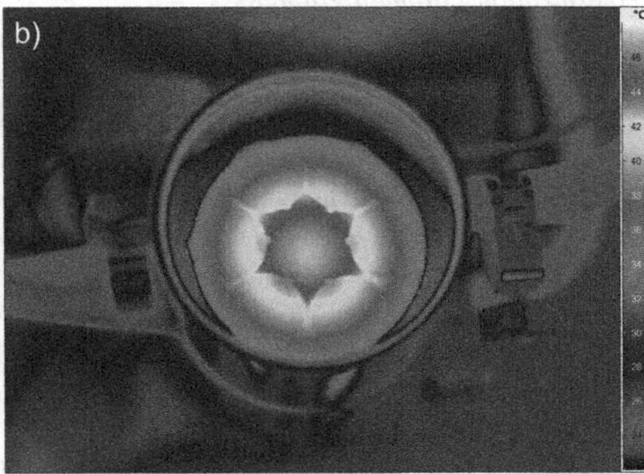

Abbildung 5.4 Messung der Probenoberflächentemperatur: a) Positionierung der verwendeten IR-Kamera über dem MLTIS-Reaktor. b) Temperaturprofil dargestellt in Falschfarben

Zusätzlich werden nach demselben Ablauf die Probenoberflächentemperaturen mit einem Thermoelement vom Typ K und einem Hand-Infrarotthermometer (62 Max, Fluke, Everett, USA) gemessen.

Messbereiche auf dem Probenkörper
Um die geringe Probenfläche ($A_{sample} = 314$ mm^2) möglichst effizient zu nutzen, werden die Messbereiche für die einzelnen Analysemethoden im Vorfeld festgelegt. In Abbildung 5.5 sind die verschiedenen Messbereiche auf der Probenscheibe durch gestrichelte Linien dargestellt. Die FTIR- und UV/vis-Spektroskopie wird mehrmals unterhalb des Angusses bzw. in der Mitte der Probenscheibe durchgeführt. Die Häufigkeit der Durchführung von FTIR- und UV/vis-Spektroskopie wird durch eine Bewertung der jeweils zuvor durchgeführten Untersuchungen bestimmt, sodass signifikante Materialveränderungen – z. B.

ein sprunghafter Anstieg der Vergilbung – in hinreichend kurzen Zeitintervallen, dokumentiert werden können. Grundsätzlich werden die Analysen zu Beginn der Versuche in kürzeren Zeitabständen vorgenommen, da der zeitliche Verlauf der Probenalterung, d. h. wie schnell sich signifikante Alterungserscheinungen zeigen, zu Beginn der Versuche nicht abzuschätzen ist.

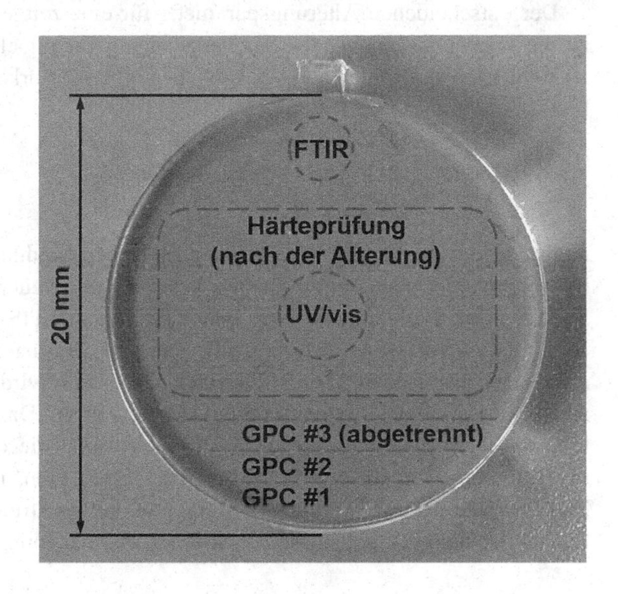

Abbildung 5.5 Messbereiche für FTIR- und UV/vis-Spektroskopie sowie GPC und Ultra-Mikro-Härteprüfung auf der Probenscheibe. In Anlehnung an [43]

Die Lichtmikroskopiebilder werden ebenfalls in diesem Bereich aufgenommen. Das für die GPC benötigte Material wird in maximal drei Alterungsstadien vom unteren Teil der Probe abgetrennt. Nach Beendigung des Alterungsprozesses werden im zentralen Bereich der Probe Ultra-Mikro-Härteprüfungen durchgeführt.

5.2 Bestimmung der Alterungsparameter

Bei der Entwicklung eines Prüfverfahrens zur zeitgerafften optischen Alterung ist es entscheidend, möglichst exakt die vorherrschenden thermischen und optischen Bedingungen innerhalb der Alterungskammern zu bestimmen. Dadurch können mögliche Alterungserscheinungen an den untersuchten Kunststoffproben mit denen, die bei real verwendeten Bauteilen aus der Praxis (z. B. Beleuchtungstechnik) auftreten, verglichen werden. Weiterhin ist dadurch eine

Bestimmung von Beschleunigungsfaktoren möglich, die angeben, um wie viel schneller die Alterung im MLTIS im Vergleich zu Realbedingungen abläuft (vgl. Abschnitt 6.1.6). Zudem ermöglicht die exakte Bestimmung der Alterungsparameter einen Vergleich der (eigenen) Forschungsergebnisse mit dem bekannten Stand der Forschung.

Der entscheidende Alterungsparameter für eine zeitgeraffte optische Alterung ist die Strahlungsleistung Φ_e der verwendeten Lichtquelle. Aus der Strahlungsleistung kann nach Gleichung 5.3 die Bestrahlungsstärke E_e auf einer Fläche A bestimmt werden:

$$E_e = d\Phi_e / dA \tag{5.3}$$

Aufgrund der im MLTIS vorherrschenden hohen Strahlungsleistung sind jedoch die verfügbaren photoempfindlichen Sensoren übersteuert, wodurch eine direkte Messung der Strahlungsleistung innerhalb eines MLTIS-Reaktors nicht möglich ist. Zudem werden stark absorbierende schwarze Kunststoffkomponenten der Sensoren nach wenigen Sekunden beschädigt. Deshalb wird die Bestrahlungsstärke simulativ über eine Raytracing-Software berechnet. Dazu werden alle relevanten optischen Parameter sowie die Geometrie und die optischen Eigenschaften der Komponenten, die mit der Strahlung interagieren, im Vorhinein bestimmt. Zunächst werden die Strahlungsleistung und das Spektrum der verwendeten LED bei unterschiedlichen elektrischen Strömen in einer Integrationskugel vermessen.

5.2.1 Integrative spektrale Messung

Zur Bestimmung der spektralen Strahlungsleistung $\Phi_{e,\lambda}$ wird das LED-Modul inklusive der Wasserkühlung bei einer konstanten Kathodentemperatur der LED (entspricht der Gehäusetemperatur des LED-Moduls [165]) von $\vartheta_{case} = 50$ °C in einer Integrationskugel (Ulbricht-Kugel: IS 3900, Optronic Laboratories, Orlando, USA) im Wellenlängenbereich von 300–800 nm vermessen. Der elektrische Strom wird in 10 %-Schritten, bezogen auf den im Datenblatt angegebenen typischen elektrischen Strom der LED von $I_{LED,typ} = 1{,}62$ A (100 %), von $I_{LED,min} = 0{,}486$ A (30 %) bis $I_{LED,max} = 3{,}24$ A (200 %), variiert. Die Strahlungsleistungen in Abhängigkeit von der Wellenlänge und des Betriebsstroms der LED sind in Abschnitt 6.1.1 präsentiert.

5.2.2 Raytracing-Simulation

Die Simulation der Bestrahlungsstärke auf dem Boden eines MLTIS-Reaktors wird mit einer Raytracing-Simulationssoftware (Helios, Hella GmbH & Co. KGaA, Lippstadt, Deutschland) für optische Anwendungen durchgeführt. Bei der Raytracing-Simulation werden die Reflektivität sowohl der Edelstahlkammer als auch die des Teflondeckels berücksichtigt (vgl. Abschnitt 5.1.3). Zudem wird die in der Integrationskugel bestimmte, von der LED emittierte Strahlungsleistung Φ_e hinterlegt und die Geometrie aller relevanten Komponenten als CAD-Model eingefügt. Für die Simulation wird eine Lambertsche-Abstrahlcharakteristik der LED angenommen (vgl. Abschnitt 6.1.2). Abbildung 5.6 zeigt den Simulationsaufbau unter Verwendung eines Strahls, der 50-fach reflektiert wird. Nach 50 Reflexionen wird die Simulation für den betreffenden Strahl unterbrochen, da die verbleibende Energie weniger als 10 ppt beträgt.

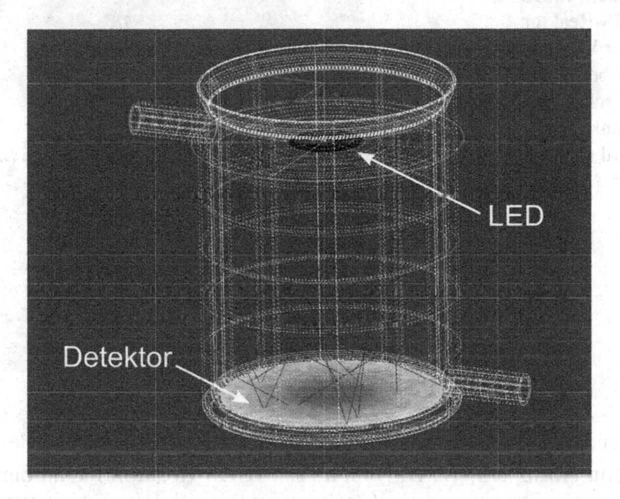

Abbildung 5.6 Darstellung des Raytracing-Aufbaus mit einem Strahl, der 50-fach reflektiert wird. Der Detektor am Boden visualisiert die Bestrahlungsstärke in Falschfarben. In Anlehnung an [164]

Insgesamt wird jede Simulation mit fünf Millionen Strahlen durchgeführt. Die Simulation wird für verschiedene elektrische Ströme und Kammergeometrien durchgeführt. Die Bestrahlungsstärke wird nach Gleichung 5.3 als Quotient aus der Strahlungsleistung – in diesem Fall jeden einzelnen Strahls – und der bestrahlten Fläche (Pixel des virtuellen Detektors) berechnet.

5.3 Positionierung der Proben

Bei den durchgeführten Alterungsversuchen werden mehrere Proben in jeweils einem Reaktor positioniert, um den Durchsatz an Proben zu erhöhen und die Vergleichbarkeit zu verbessern. In Abbildung 5.7 ist die kreisförmige Anordnung dargestellt, wie sie in den Alterungsversuchen verwendet wird. Eine zusätzliche Probe kann im Zentrum als Positionierungshilfe und als zusätzliche Referenzprobe positioniert werden. Die präsentierten Ergebnisse beziehen sich ausschließlich auf die außen positionierten Proben. Um den Beschleunigungsfaktor weiter zu erhöhen, ist bei einigen Versuchen die Distanz zwischen den Proben und der LED verringert. Die Proben werden hierzu auf einer zylinderförmigen Erhöhung aus Teflon positioniert.

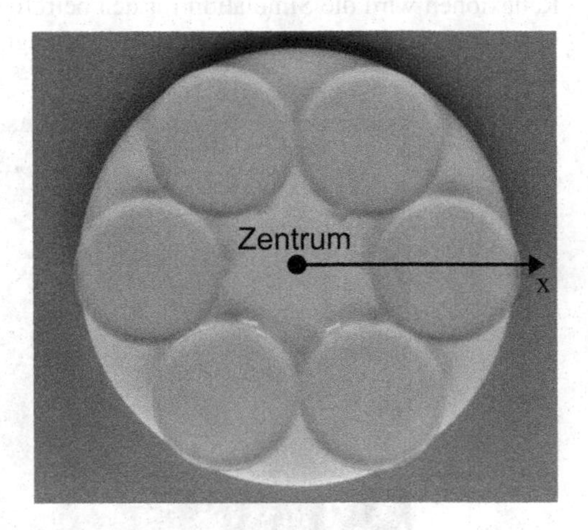

Abbildung 5.7 Anordnung der Proben in einem MLTIS-Reaktor, bei gleichzeitiger Verwendung mehrerer Proben. Die horizontale Achse durch den Mittelpunkt des Reaktors wird als x festgelegt. In Anlehnung an [167]

Ausgehend von der aus der Raytracing-Simulation bekannten Bestrahlungsstärke $E_{e,1}$ im Abstand s_1 (z. B. Boden des MLTIS-Reaktors) kann die maximale Bestrahlungsstärke $E_{e,2}$ in einem beliebigen Abstand s_2 von der LED nach dem photometrischen Abstandsgesetz [181] angenähert werden:

$$E_{e,2} = \frac{E_{e,1} \cdot s_1^2}{s_2^2} \tag{5.4}$$

In Abhängigkeit von der berechneten maximalen Bestrahlungsstärke im Zentrum kann der Bestrahlungsstärkeabfall zu den Randbereichen $E_e(\alpha)$ als Funktion des

Winkels α, zwischen dem Zentrum und einem beliebigen Punkt gemäß dem Cosinus-hoch-vier-Gesetz [182] berechnet werden:

$$E_e(\alpha) = E_{e,2} \cdot cos4(\alpha) \tag{5.5}$$

5.4 Detektion von Oberflächenschwingungen

Zur Detektion von möglichen Schwingungen an den Oberflächen von Probenkörpern in Folge von dynamischer Bestrahlung mit blauer LED-Strahlung (vgl. Abschnitt 3.5.4) werden ein AFM und ein Laserinterferometer verwendet. Die zur Durchführung der Messungen verwendeten Geräte inklusive des verwendeten Versuchsaufbaus und der Betriebsparameter werden nachfolgend beschrieben. Da es sich um die Entwicklung einer neuen Messmethode handelt, die nicht ausschließlich zur Untersuchung von Kunststoffen, sondern auch als eine allgemeine Methode zur Materialprüfung verwendet werden kann, wird neben einer Kunststoffprobe (PC) mit Aluminium (AlMg3) eine weitere Materialart untersucht. Bei den Proben handelt es sich um rechteckige Probenplatten mit einer Abmessung von 150 × 63 x 1 mm. Um die Messergebnisse der Materialien und Messmethoden vergleichen zu können, werden die Oberflächen schwarz lackiert (bei der Laserinterferometer Messung nur die bestrahlte Fläche), damit diese näherungsweise die gleiche Menge an blauer Strahlung absorbieren. Die Versuche werden bei Anregungsfrequenzen f_{pulse} der LED von 10 Hz, 100 Hz, 500 Hz und 1000 Hz, bei einem DC von 50 %, durchgeführt.

Rasterkraftmikroskopie
Um selbst kleinste Bewegungen an den Oberflächen des Probenmaterials detektieren zu können, wird ein hochempfindliches AFM (5600LS AFM, Agilent, Santa Clara, USA) mit einem Cantilever (Tap300Al-G, Budget Sensors, Sofia, Bulgarien), ausgelegt für den Kontaktmodus, verwendet. Zur optimalen Unterdrückung von mechanischen und akustischen Störsignalen ist das AFM auf einem Schwingungsisolationssystem gelagert und zusätzlich in einem Akustikgehäuse positioniert.

Aufgrund der Unzugänglichkeit bedingt durch die Bauweise des AFMs sowie der Gefahr der direkten Bestrahlung des Cantilevers und einer daraus resultierenden Verfälschung der Messergebnisse (mögliche direkt induzierte Schwingung im Cantilever bzw. in der Messspitze) ist eine Positionierung der Messspitze des AFMs direkt in dem von der LED bestrahlten Bereich nicht möglich. Daher wird die LED, wie in Abbildung 5.8 gezeigt, vor dem Messpunkt mit einem Abstand zur Probenplatte positioniert.

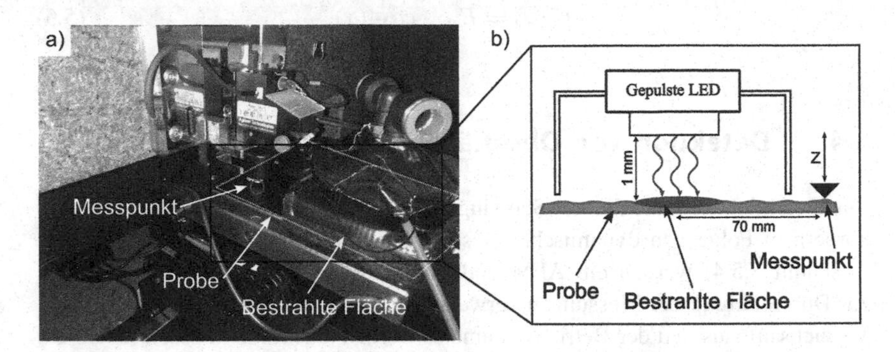

Abbildung 5.8 Messaufbau zur taktilen Messung von Oberflächenschwingungen mittels AFM. Die großen eingekreisten Flächen markieren den Bereich, der von der LED bestrahlt wird. Die kleinen eingekreisten Flächen markieren den Bereich, auf dem die Messung durchgeführt wird. Gemessen wird die Bewegung der Probe senkrecht zur Basisplatte in z-Richtung: a) Foto des Aufbaus. b) Skizze des Aufbaus

Der Messpunkt hat einen Abstand von $s_{measure} = 70$ mm zum Zentrum der bestrahlten Fläche (Abbildung 5.8b). Das in Abschnitt 4.1 beschriebene LED-Modul des MLTIS-Reaktors ist auf einem Stativ kontaktlos ca. $s_{LED} = 1$ mm oberhalb der Probe positioniert. Zum Ausschluss einer direkten Beeinflussung des Cantilevers durch die Strahlung der LED ist die LED durch einen dunklen lichtundurchlässigen Stoff abgeschirmt (Abbildung 5.8a). Zudem werden im Vorhinein mehrere Ausschlussmessungen vorgenommen. Die Messungen werden im Kontaktmodus durchgeführt, wobei die Basisplatte, auf der die Probe lagert, nicht verfahren wird, sodass eine statische Messung der Probenbewegung senkrecht zur Basisplatte (z-Achse) an einem Punkt auf der Oberfläche ausgeführt werden kann. Das Messsignal wird jeweils über eine Zeitspanne von t = 6,912 s bei einer Abtastrate von $f_{det} = 2500$ Hz aufgenommen. Auf die Wasserkühlung der LED wird zum Ausschluss ungewollt erzeugter Schwingungen verzichtet. Alle Messungen der jeweiligen Materialien und Frequenzen werden nach einer Abkühlzeit des Materials von t = 15 min jeweils fünf Mal wiederholt. Die Messdaten werden zur Frequenz- und Amplitudenbestimmung in MATLAB (Version R2018b) analysiert.

Laserinterferometrie
Messungen mit dem Laserinterferometer (Polytec OFV-552, Waldbronn, Deutschland) bieten eine weitere Möglichkeit zur kontaktlosen Detektion von optisch induzierten Schwingungen auf den Probenplatten. Dadurch, dass der Laser (HeNe, $\lambda = 633$ nm) in einen Lichtleiter eingekoppelt ist, kann der Messkopf in beliebiger Position und somit auch in beliebigem Abstand zur Probenplatte ausgerichtet werden. Dadurch bestehen mehr Möglichkeiten für die Position des Messpunkts und somit auch mehr Flexibilität bei der Ausrichtung der Probe und der LED. Vorstellbar wären somit auch Messanordnungen, bei denen sich der Messpunkt innerhalb der bestrahlten Probenfläche oder auf der gegenüberliegenden Seite der Probenplatte befindet. Um jedoch möglichst vergleichbare Messungen mit den beiden Geräten durchführen zu können, wird eine ähnliche Versuchsanordnung, wie bei der Messmethode mit dem AFM, gewählt. Um ein stärkeres und stabiles Messsignal (von der Probenplatte reflektiertes Laserlicht) zu ermöglichen, ist an der Stelle des Messpunkts ein stark reflektierender Aufkleber angebracht. Der Messaufbau mit dem Laserinterferometer ist in Abbildung 5.9 dargestellt. Über den von der Probenoberfläche reflektierten Strahl können analog zur taktilen AFM-Messung die Schwingungen der Probe in z-Richtung detektiert werden (Abbildung 5.9b).

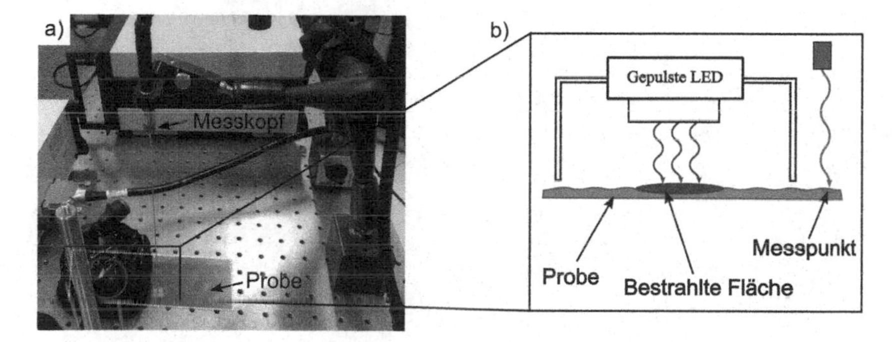

Abbildung 5.9 Messaufbau zur kontaktlosen optischen Messung von Oberflächenschwingungen mittels eines Laserinterferometers. Die großen eingekreisten Flächen markieren den Bereich, der von der LED bestrahlt wird. Die kleinen eingekreisten Flächen markieren den Bereich, auf dem die Messung durchgeführt wird. Gemessen wird die Bewegung der Probe senkrecht zur Basisplatte: a) Foto des Aufbaus. b) Skizze des Aufbaus

Die Bandpassfilterbreite f_{range}, die Auflösung f_{res} und die Messdauer t der Messungen für die verschiedenen Anregungsfrequenzen f_{pulse} der LED sind Tabelle 5.1 zu entnehmen.

Tabelle 5.1 Bandpassfilterbreiten f_{range}, Auflösungen f_{res} und Messdauern t der Laserinterferometer Messungen in Abhängigkeit von der Anregungsfrequenz f_{pulse} der LED

f_{pulse} [Hz]	f_{range} [Hz]	f_{res} [mHz]	t [s]
10	7,5–12,5	62,5	16
100	75–125	62,5	16
500	450–550	156,25	6,4
1000	900–1100	156,25	6,4

6 Ergebnisse und Diskussion

In diesem Kapitel werden die Ergebnisse der Arbeit vorgestellt und auf Grundlage des aktuellen Stands der Forschung diskutiert. In Abschnitt 6.1 werden die Messergebnisse zur Bestimmung der Alterungsparameter (vgl. Abschnitt 5.2) des MLTIS präsentiert. In Abschnitt 6.2 wird der Spritzgussprozess anhand der spektralen Transmission der Probenkörper beurteilt. In Abschnitt 6.3 werden die Ergebnisse vergleichender optischer Alterungsversuche von PC und PLA beschrieben. In Abschnitt 6.4 werden die Ergebnisse dynamischer Alterungsversuche an PC bei unterschiedlichem Tastgrad dargeboten. Abschließend sind in Abschnitt 6.5 die Ergebnisse der neu entwickelten Messmethoden, basierend auf dem AFM und dem Laserinterferometer (vgl. Abschnitt 5.4), zur Detektion von optisch induzierten Schwingungen in Materialien, dargelegt.

Die in diesem Abschnitt vorgestellten Ergebnisse sind teilweise vorveröffentlicht in [43, 164, 167, 196, 205].

Ergänzende Information Die elektronische Version dieses Kapitels enthält Zusatzmaterial, auf das über folgenden Link zugegriffen werden kann https://doi.org/10.1007/978-3-658-41831-1_6.

M. Hemmerich, *Entwicklung und Validierung eines Prüfverfahrens zur Photodegradation von (Bio-)Kunststoffen unter statischer und dynamischer optischer Belastung*, Werkstofftechnische Berichte | Reports of Materials Science and Engineering, https://doi.org/10.1007/978-3-658-41831-1_6

6.1 Validierung des MLTIS

Im nachfolgenden Abschnitt werden die Alterungsparameter des MLTIS präsentiert. Zusätzlich wird zur Bestimmung eines Beschleunigungsfaktors für die zeitgeraffte Alterung eine praxisnahe Beispielrechnung durchgeführt. Die Validität des Prüfverfahrens MLTIS wurde durch die Durchführung eines umfassenden Alterungsversuchs [164] an dem bereits umfassend erforschten Kunststoff PC, durch Abgleichung mit bekannten Alterungsphänomenen, bestätigt.

6.1.1 Strahlungsleistung

Zur Bestimmung der Strahlungsleistung wird die verwendete MCOB-Hochleistungs-LED gemäß den Ausführungen in Abschnitt 5.2.1 in einer Integrationskugel vermessen. In Abbildung 6.1 sind die Ergebnisse der Leistungsmessung für den Wellenlängenbereich von 380–540 nm, bei variierenden Stromstärken von $I_{min} = 0{,}486$ A bis $I_{max} = 3.240$ A, präsentiert. Für alle Stromstärken weist die LED eine konstante Peakwellenlänge von $\lambda_{max} = 450$ nm auf. Die Halbwertsbreite (Full Width at Half Maximum; FWHM) variiert von FWHM = 15.4 nm bei I_{min} bis FWHM = 19,4 nm bei I_{max}. Bei der verwendeten Stromstärke von $I_{LED} = 1{,}134$ A (70 % der typischen Stromstärke) beträgt die FWHM = 16,3 nm. Für diese Stromstärke bei der Peakwellenlänge von λ_{max} ergibt sich eine spektrale Strahlungsleistung von $\Phi_{e,450} = 1{,}66$ W/nm.

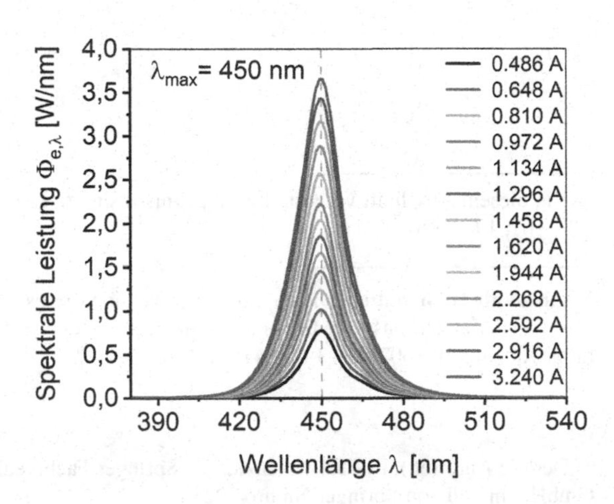

Abbildung 6.1 Spektrale Strahlungsleistung $\Phi_{e,\lambda}$ der verwendeten blauen LED für verschiedene Betriebsströme zwischen der minimalen Stromstärke I_{min} und der maximalen Stromstärke I_{max}. In Anlehnung an [164]

Die durch Integration der Spektren im Bereich von 380–550 nm berechneten Strahlungsleistungen Φ_e sind in Abbildung 6.2 dargestellt. Weiterhin sind zur besseren Einordnung der vom menschlichen Auge wahrgenommenen Helligkeit der blauen LED-Strahlung die Werte des Lichtstroms Φ_v der Abbildung hinzugefügt. Es zeigt sich ein annähernd linearer Zusammenhang zwischen dem elektrischen Strom und der Strahlungsleistung sowie dem Lichtstrom. Für die verwendeten Betriebsbedingungen von I_{LED} = 1,134 A und einer Spannung von U_{LED} = 50,9 V ergibt sich eine Strahlungsleistung von Φ_e = 35,79 W. Dies entspricht einem Wirkungsgrad, also dem Verhältnis von abgegebener optischer Leistung zu zugeführter elektrischer Leistung, von η = 62 %. Der hohe Wirkungsgrad weist auf eine sehr effiziente Arbeitsweise der LED hin. Tabelle A2 im elektronischen Zusatzmaterial können die zusätzlichen Strahlungsleistungen und Wirkungsgrade in Abhängigkeit des Stroms entnommen werden. Es ist zu beobachten, dass der Wirkungsgrad mit zunehmendem Strom abnimmt. Der bevorzugte Betrieb bei 70 % der Stromstärke stellt daher einen guten Kompromiss zwischen hoher optischer Leistung und einem schonenden Betrieb der LED dar. Dadurch soll eine Abnahme der Strahlungsleistung (bedingt durch eine Degradation der LED) im Verlauf von mehreren Alterungsversuchen möglichst gering gehalten werden. Zukünftig ist bei einer Abnahme der Strahlungsleistung eine automatische Nachregelung (Erhöhung) der Stromstärke vorgesehen. Die Strahlungsleistung kann über die im Deckel der Reaktoren integrierten Photodioden kontinuierlich überwacht werden.

Es ist anzumerken, dass die Lichtströme der rein blau emittierenden LED im Vergleich zu Weißlicht-LEDs sehr klein ausfallen, da die Größe des Lichtstroms der menschlichen Wahrnehmung (relative spektrale Hellempfindlichkeitsgrad; $V(\lambda)$) angepasst ist, die im blauen Wellenlängenbereich verhältnismäßig gering ist. Dies hat jedoch keinen Einfluss auf die radiometrischen Eigenschaften der LED, die zur optischen Alterung entscheidend sind.

Um die Abhängigkeit des Emissionsspektrums der LED von der Temperatur zu bestimmen, wird wie in Abbildung 6.3 gezeigt, das Spektrum der LED in Abhängigkeit von der eingestellten Temperatur des für die LED-Kühlung verwendeten Thermostats gemessen (vgl. Abschnitt 4.1). Es ist zu erkennen, dass eine Erhöhung der Thermostattemperatur – und damit der LED-Gehäusetemperatur – zu einer Abnahme der spektralen Leistung und einer Verschiebung des Spektrums in den längerwelligen Bereich führt. Für Thermostattemperaturen zwischen ϑ = 10 °C und ϑ = 40 °C bleibt das Spektrum allerdings unverändert. Um sicherzustellen, dass das emittierte Spektrum der LED während der gesamten Versuchsdauer konstant bleibt, wird für alle Alterungsversuche eine standardisierte Thermostattemperatur innerhalb dieses Temperaturbereichs von ϑ_{LED} =

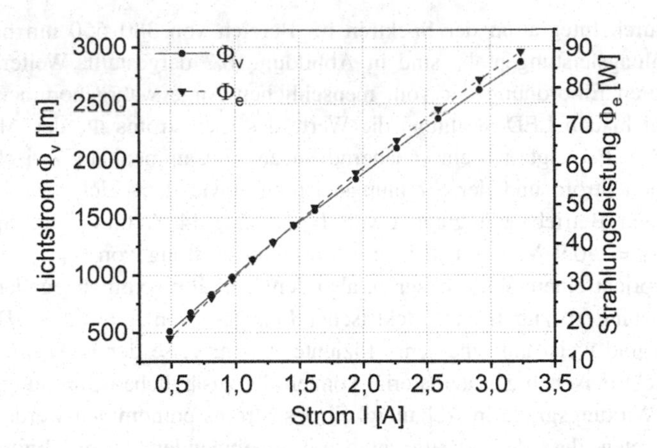

Abbildung 6.2 Strahlungsleistung Φ_e und Lichtstrom Φ_v in Abhängigkeit des Betriebsstroms der LED zwischen der minimalen Stromstärke I_{min} und der maximalen Stromstärke I_{max}. In Anlehnung an [164]

34 °C gewählt. Dies entspricht einer Gehäusetemperatur der LED von ca. ϑ_{case} = 50 °C.

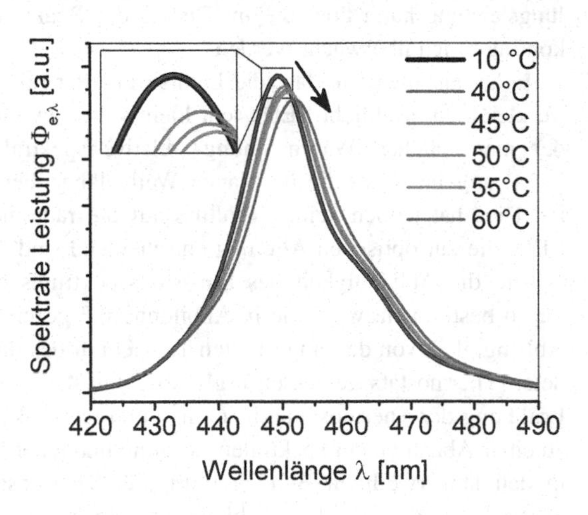

Abbildung 6.3 Abhängigkeit der spektralen Strahlungsleistung $\Phi_{e,\lambda}$ von der Thermostattemperatur des zur Kühlung der LED verwendeten Umwälzthermostats. In Anlehnung an [164]

6.1.2 Bestrahlungsstärke

Aus der Strahlungsleistung der LED wird, wie in Abschnitt 5.2.2 erläutert, über eine Raytracing-Simulation die Bestrahlungsstärke in dem MLTIS-Reaktor bestimmt. Für das Abstrahlverhalten wird entsprechend dem Datenblatt der LED [165] eine Lambertsche-Abstrahlcharakteristik gewählt [183]. In Abbildung 6.4 sind die Ergebnisse der Raytracing-Simulation für den Boden des MLTIS-Reaktors mit einem Durchmesser von s = 60 mm gezeigt. Die Bestrahlungsstärke E_e ist ortsaufgelöst in Falschfarben dargestellt. Die höchste Bestrahlungsstärke tritt in der Mitte des Reaktors auf. Von der Mitte aus zeigt sich eine radialsymmetrische Abnahme der Bestrahlungsstärke hin zu den Rändern. Zur besseren Auswertung sind die Bestrahlungsstärken für die verschiedenen Stromstärken als vertikale Schnitte bei $s_{horizontal} = 0$ mm in Abbildung 6.5 gezeigt.

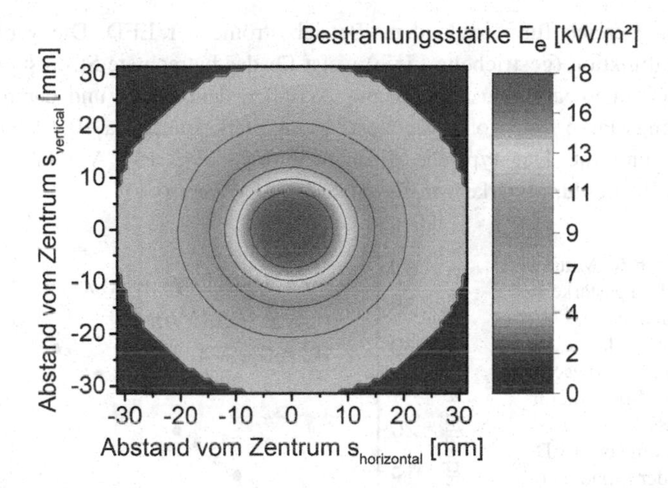

Abbildung 6.4 Beispielhafte Bestrahlungsstärkeverteilung auf dem Probenkammerboden, dargestellt in Falschfarben bei einem Strom von I = 1,296 A. In Anlehnung an [164]

Die gekennzeichnete Fläche beschreibt den Bereich der höchsten Bestrahlungsstärke mit dem Durchmesser eines Probenkörpers. In diesem Bereich wird 51 % der Strahlungsleistung eingebracht. Links und rechts von diesem Bereich befinden sich die Proben die am Rand positioniert werden können. Die maximale Bestrahlungsstärke für eine Stromstärke von $I_{LED} = 1{,}134$ A beträgt $E_{e,max} = 15{,}7$ kW/m^2. Abbildung 6.6 zeigt den Mittelwert der Bestrahlungsstärke

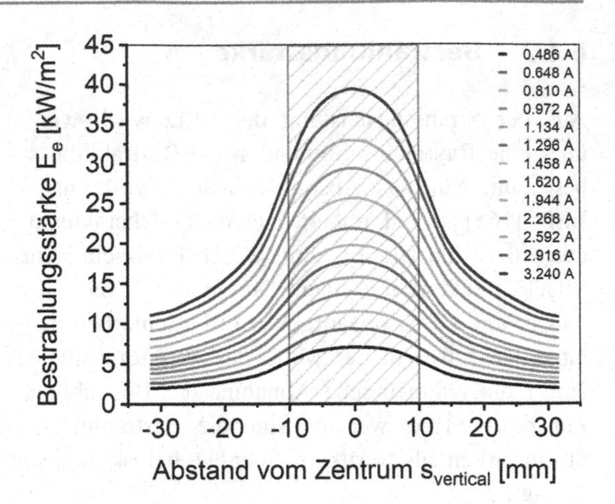

Abbildung 6.5 Vertikale Schnitte durch die Bestrahlungsstärkeverteilung auf dem virtuellen Detektor der Raytracing-Simulation in Abhängigkeit des Betriebsstroms der LED zwischen der minimalen Stromstärke I_{min} und der maximalen Stromstärke I_{max}. In Anlehnung an [164]

in diesem Bereich für verschiedene Betriebsströme der LED. Die verwendete Ausgleichfunktion (gestrichelte Linie) weist für das betrachtete Stromstärkeintervall auf einen linearen Zusammenhang zwischen dem Strom und der mittleren Bestrahlungsstärke hin, wobei die Bestrahlungsstärke um etwa 10,7 kW/m^2 pro Ampere zunimmt. Der typische Strom von $I_{LED} = 1{,}134$ A führt zu einer mittleren Bestrahlungsstärke von $E_{e,mid} = 14{,}4$ kW/m^2.

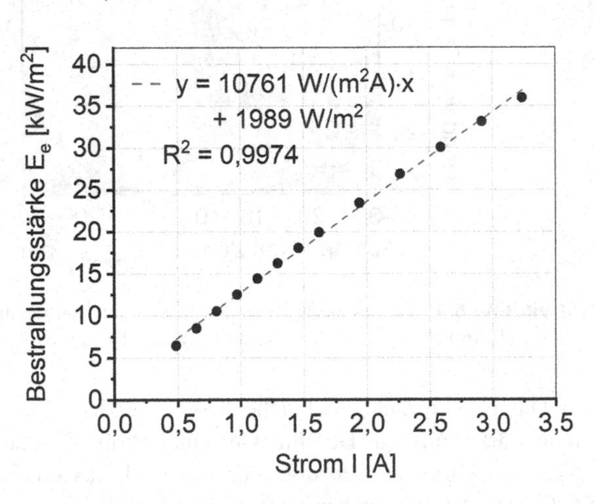

Abbildung 6.6 Mittelwert der Bestrahlungsstärke E_e für verschiedene Betriebsströme I. Die gestrichelte Linie beschreibt die Ausgleichsgerade für die gemessenen Betriebsströme der LED zwischen der minimalen Stromstärke I_{min} und der maximalen Stromstärke I_{max}. In Anlehnung an [164]

Es ist anzumerken, dass die in Abbildung 6.6 dargestellte Ausgleichsfunktion typischerweise durch den Ursprung des Diagramms verlaufen müsste. Zusätzlich ist ein Abflachen der Kurve bei zunehmender Stromstärke zu erwarten. Zur Anpassung der Daten zwischen dem höchsten und dem niedrigsten Messwert wird bewusst eine lineare Funktion mit positivem y-Achsenabschnitt gewählt, da diese die vorhandenen Datenpunkte auf unkomplizierte und sehr genaue Weise annähert. Damit lassen sich die Bestrahlungsstärken innerhalb des verfügbaren Strombereichs hinreichend genau berechnen. Dies zeigt sich durch den hohen Regressionskoeffizienten von $R^2 = 0{,}9974$, der eine hohe Güte und somit die Gültigkeit der Ausgleichsgeraden nahelegt.

6.1.3 Temperatur

Wie in Abschnitt 4.1 erläutert, ist ein Ziel, die Probenkörper während der gesamten Alterungsdauer unabhängig von der eingebrachten Strahlungsleistung der LED temperieren zu können. Zur Validierung dieser Vorgabe wird die Probenoberflächentemperatur ϑ_{sample} in Abhängigkeit von der eingestellten Thermostattemperatur $\vartheta_{thermostat}$ (Thermostat zur Temperierung der doppelwandigen Kammer) gemessen. In Abbildung 6.7 sind die Probenoberflächentemperaturen, gemessen mit der IR-Kamera, für unterschiedlich eingestellte Thermostattemperaturen gezeigt.

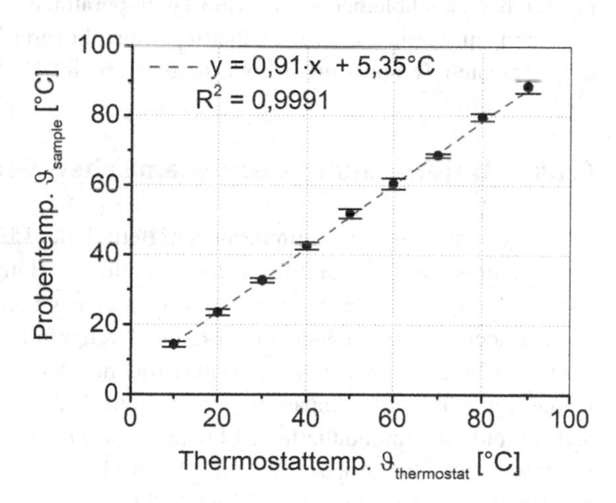

Abbildung 6.7 Temperatur der Probenoberfläche ϑ_{sample} (PC) in Abhängigkeit von der eingestellten Thermostattemperatur $\vartheta_{thermostat}$ bei einer Stromstärke von $I_{LED} = 1{,}134$ A. Die gestrichelte Linie beschreibt die Ausgleichsgerade für den Bereich von 10-90°C. In Anlehnung an [164]

Die Aufnahmen der IR-Kamera werden mit den in Abschnitt 5.1.3 beschriebenen Instrumenten und Methoden durchgeführt. Diese Messungen werden mit einer ungealterten, sich auf dem Boden des MLTIS-Reaktors befindenden PC-Probe bei der standardmäßigen Stromstärke von $I_{LED} = 1{,}134$ A durchgeführt. Die Ergebnisse zeigen, dass für den gemessenen Temperaturbereich (10–90 °C) jede beliebige Probenoberflächentemperatur, unabhängig von der eingebrachten Strahlungsleistung, einzustellen ist, wobei ein linearer Zusammenhang mit einer hohen Güte der Ausgleichsgeraden, beschrieben durch den Regressionskoeffizienten von $R^2 = 0{,}9991$, besteht. Es ist davon auszugehen, dass auch Probentemperaturen von $\vartheta_{sample} < 10$ °C und $\vartheta_{sample} > 90$ °C mit der Thermostattemperierung erreicht werden können. Für Thermostattemperaturen $\vartheta_{thermostat} < 0$ °C und $\vartheta_{thermostat} > 100$ °C ist allerdings ein anderes Fluid als Wasser zur Wärmeübertragung zu verwenden. Die Voraussetzung für die beschriebene Probentemperierung ist eine geringe Wechselwirkung der verwendeten Probe mit der auftreffenden Strahlung (d. h. hohe optische Transparenz der Proben). Die Thermostattemperatur, die erforderlich ist, um eine bestimmte Probenoberflächentemperatur zu erreichen, kann im Voraus auf der Grundlage der Messdaten und der Ausgleichsfunktion bestimmt werden. Grundsätzlich steigt die Temperatur der Probenoberfläche um $\vartheta_{sample} = 0{,}91$ °C, wenn sich die Thermostattemperatur um $\vartheta_{thermostat} = 1$ °C erhöht. Durch Erhöhung der Bestrahlungsstärke – entweder durch Erhöhung der Bestromung oder durch eine Verringerung des Abstands zwischen LED und Probe – steigt die Probentemperatur bei gleichbleibender Thermostattemperatur ebenfalls an. Es kann davon ausgegangen werden, dass ein näherungsweise linearer Zusammenhang aufgrund der effizienten Temperaturkontrolle bestehen bleibt [184].

6.1.4 Untersuchung des dynamischen Betriebs

Neben der Alterung bei kontinuierlichem Betrieb der LED wird zur Durchführung von dynamischen Alterungstests der dynamische Betrieb der LED untersucht. Es sollen vergleichende Alterungstests bei gleicher Frequenz und Strahlungsleistung, jedoch unterschiedlichem Tastgrad durchgeführt werden. Dazu muss das durch die Modulationselektronik (vgl. Abschnitt 4.4) erzeugte elektrische Modulationssignal über eine Anpassung der Amplitudenhöhe an das Modulationssignal anderer pulsweitenmodulierter LEDs aus den weiteren MLTIS-Reaktoren angepasst werden. Zur Anpassung der elektrischen Leistung der LEDs wird die Effektivspannung analog zu Gleichung 3.2 (vgl. Abschnitt 3.3.2) mit einem Oszilloskop über fest definierte Messwiderstände gemessen. Anschließend wird die gemessene Effektivspannung für jede LED so angepasst, dass sich gemäß des Ohmschen Gesetz ein gleicher Effektivstrom für die unterschiedlich pulsweitenmodulierten LEDs (aus verschiedenen MLTIS-Reaktoren) ergibt. Eine Übersicht über die verwendeten Versorgungsspannungen und -ströme sowie über die daraus resultierenden Effektivwerte ist Tabelle A3 im elektronischen Zusatzmaterial zu entnehmen.

Abbildung 6.8a zeigt das von der Modulationselektronik erzeugte PWM-Signal C bei einer Frequenz von f = 500 Hz. In Abbildung 6.8b ist der zeitliche Verlauf der resultierenden an der LED anliegenden Signale mit einem DC von 25 % und 50 % gezeigt. Die Formen der vom Mikrokontroller erzeugten PWM-Signale C werden zufriedenstellend ohne zeitlichen Versatz auf die LED-Spannungssignale U übertragen. Die Pulsdauer beträgt wie vorgegeben t_{pulse} = 2 ms (f = 500 Hz). Es ist zu erkennen, dass zur Kompensation der kürzeren Einschaltdauer das 25 %-LED-Signal eine höhere Amplitude aufweist.

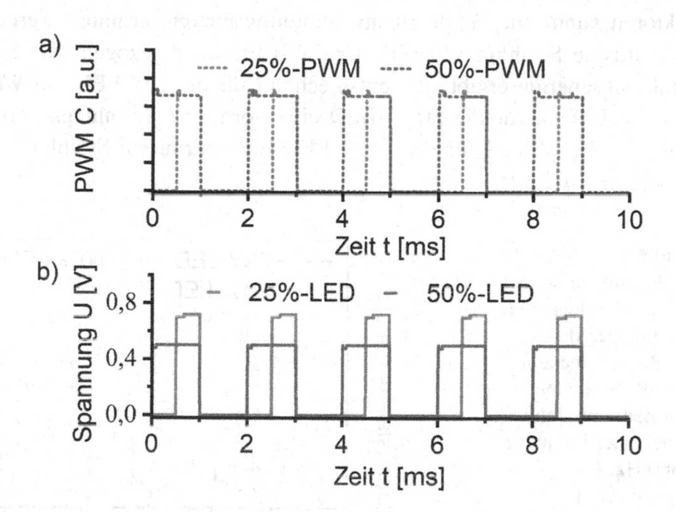

Abbildung 6.8 a) Von der Modulationselektronik erzeugtes PWM-Signal C für einen Tastgrad von DC = 25 % und DC = 50 %. b) Resultierendes an der LED anliegendes Spannungssignal U für einen Tastgrad von DC = 25 % und DC = 50 %. Die Frequenz beträgt f = 500 Hz. In Anlehnung an [167]

Unter der Voraussetzung identischen Verhaltens der einzelnen LEDs ist davon auszugehen, dass durch die Anpassung des Effektivstroms die gleiche gemittelte

Strahlungsleistung über einen bestimmten Zeitraum hinweg, d. h. die gleiche Strahlungsenergie Q_e, von den LEDs emittiert wird. Um eine möglichst vergleichbare dynamische Alterung sicherstellen zu können, wird neben der elektrischen Anpassung über den Effektivstrom zusätzlich die Strahlungsleistung mit den in der Reaktorabdeckung eingebauten Photodioden (vgl. Abschnitt 4.2) in allen Reaktoren gemessen. Die gemessene Signalspannung (Photospannung) der Photodioden ist proportional zur Strahlungsleistung, mit der die Diodenoberfläche bestrahlt wird. Alle Photodioden werden kalibriert, um vergleichbare Bewertungen der Bestrahlungsstärke zu ermöglichen. Um eine Vergleichbarkeit herzustellen, wird das Signal über eine Zeitspanne von 25 Pulsen gemittelt.

Abbildung 6.9 zeigt ausschnittsweise die aufgenommenen Strahlungsleistungen für drei LEDs mit einem Tastgrad von DC = 25 % (fortan *25 %-LED* genannt), DC = 50 % (fortan *50 %-LED* genannt) und einer kontinuierlich betriebenen LED (Continuous Wave; CW, fortan *CW-LED* genannt). Die 25 %-LED und 50 %-LED werden bei einer Frequenz von f = 500 Hz betrieben. Für alle Reaktoren kann eine vergleichbare Strahlungsenergie ermittelt werden. Als Referenz wird die Strahlungsenergie der CW-LED herangezogen. Normiert auf diese Strahlungsenergie ergibt sich entsprechend für die CW-LED ein Wert von $Q_{e,norm,CW}$ = 100 %, für die 50 %-LED eine normierte Strahlungsenergie von $Q_{e,norm,50}$ = 115,5 % und für die 25 %-LED eine normierte Strahlungsenergie von $Q_{e,norm,25}$ = 102,3 %.

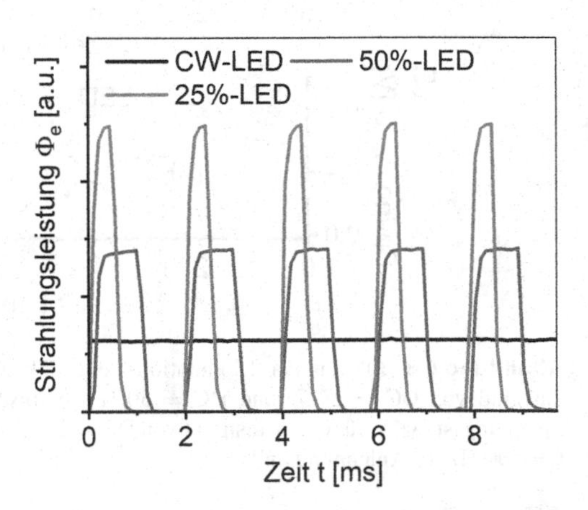

Abbildung 6.9 Strahlungsleistungen Φ_e bei verschiedenen Betriebsmodi der LED gemessen durch die in den Reaktordeckeln integrierten Photodioden über einen Zeitraum von t = 10 ms bei einer Frequenz von f = 500 Hz. In Anlehnung an [167]

Die Abweichungen lassen sich sowohl auf Messunsicherheiten, herstellungsbedingte Unterschiede der drei LEDs, als auch auf Ungenauigkeiten bei der

Positionierung der Photodiode (Reaktorabdeckung) für jeden der drei MLTIS-Reaktoren zurückführen. Darüber hinaus führen Trägheit und Bauteilunterschiede der Messdioden sowie der elektronischen Komponenten der Modulationselektronik zu geringfügig unterschiedlichen Signalflanken. Es ist zu beachten, dass sich diese Abweichungen bei langen Bestrahlungszeiten zu größeren Unterschieden aufsummieren und dies somit zu Unterschieden bei den eingebrachten Energiedosen für die jeweiligen Proben führt. Die ermittelten Strahlungsleistungen führen jedoch zu einer Unterschätzung der eingebrachten Gesamtenergie in die dynamisch bestrahlten Proben (25 %-LED und 50 %-LED), was einer beabsichtigten (über-)kritischen Bewertung der möglichen dynamisch induzierten Photodegradation an den Kunststoffproben entspricht.

6.1.5 Parameterraum des MLTIS

Wie in den vorherigen Abschnitten 6.1.1 bis 6.1.4 aufgezeigt, ist es bei der zeitgerafften optischen Alterung mit dem MLTIS möglich drei für die Alterung relevante Parameter zu variieren. Zum einen kann die Strahlungsleistung Φ_e der LED und somit die Bestrahlungsstärke direkt über die Stromstärke in einem Bereich von 16–90 W variiert werden. Zusätzlich lässt sich durch die aktive Temperierung der Probenkammer die Probentemperatur ϑ in einem Bereich von rund 10–90 °C zuverlässig variieren. Den dritten einstellbaren Parameter stellt die Frequenz dar, die in Abhängigkeit von der Modulationselektronik bis zu $f = 100$ kHz bei beliebigem Tastgrad (0–100 %) einstellbar ist. Zur Veranschaulichung ist der sich daraus ergebende dreidimensionale Parameterraum in Abbildung 6.10 (hell-gelb) gezeigt. Der Parameterraum beschreibt, bis zu welchen Parametergrenzen die zeitgerafften optischen Alterungsversuche mit dem MLTIS durchgeführt werden können. Auf der x-Achse ist die Temperatur ϑ, auf der y-Achse die Strahlungsleistung Φ_e der LED und auf der z-Achse die Frequenz f aufgetragen. Zur besseren Einordnung des durch den MLTIS ermöglichten Prüfbereichs sind innerhalb des Diagramms beispielhaft verschiedene Anwendungsbereiche aus der Beleuchtungstechnik mit den zugehörigen Wertebereichen für die Strahlungsleistung, der Modulationsfrequenz der Lichtquelle sowie der Temperatur der Bauteile eingezeichnet. In dem Bereich der Allgemeinbeleuchtung (a) – zu der beispielsweise die Beleuchtung von Arbeitsstätten, Schreibtischen und Lesebereichen zählt – werden vergleichsweise nur geringe Strahlungsleistungen benötigt, wodurch die Bauteile auch nur geringen Temperaturen ausgesetzt sind. Eine Recherche zu Leuchten aus diesen Anwendungsbereichen [185] ergibt, dass von einer maximalen Temperatur von ca. ϑ_{uni}

= 60 °C auszugehen ist. Für spezielle Beleuchtungsanwendungen (b), z. B. die Ausleuchtung von Sportstätten (Flutlichter) oder Verkehrsbereichen, wird für diese Darstellung eine maximale Strahlungsleistung von $\Phi_{e,special} = 70$ W des Gesamtsystems angenommen. Auf der Basis von Recherchen zu Leuchten für spezielle Beleuchtungsanwendungen [185] ergibt sich, dass für diesen Anwendungsbereich Temperaturen von bis zu $\vartheta_{special} = 85$ °C vorstellbar sind, wobei ein möglichst kompakter Bauraum bei diesen Systemen in der Regel nicht die höchste Priorität hat, sodass relativ große Abstände zwischen der Lichtquelle und den Kunststoffbauteilen gegeben sind, wodurch auch geringere Temperaturbelastungen resultieren können. Im Automotive-Bereich (c) sind aufgrund der Verwendung vieler leistungsstarker LEDs teilweise sehr hohe Strahlungsleistungen und daraus resultierende Bauteiltemperaturen von bis zu $\vartheta_{auto,max} = 140$ °C zu erwarten [186,187].

In Abhängigkeit von der Umgebungstemperatur sind zudem Temperaturen von bis zu $\vartheta_{auto,min} = -40$ °C zu berücksichtigen [188]. Eine aktive Temperierung der Proben im MLTIS $\vartheta > 100$ °C und $\vartheta < 0$ °C ist aufgrund der Nutzung von Wasser als Wärmeleitmedium derzeit nicht möglich, jedoch kann durch Verringerung des Abstands zwischen der Probe und der LED, die Probentemperatur passiv durch die zunehmende Absorption der LED-Strahlung erhöht werden. Zudem ist eine Ausweitung ($\vartheta > 100$ °C und $\vartheta < 0$ °C) des Bereichs der aktiven Temperaturkontrolle durch die Wahl eines anderen Wärmeleitmediums möglich. Für den Bereich der Allgemeinbeleuchtung wird eine maximale Frequenz von $f_{uni} = 300$ Hz angenommen. Für den Automotive-Bereich werden zur Vermeidung von Flimmereffekten bei bewegten Objekten (stroboskopischer Effekte, vgl. Abschnitt 3.3.2) Frequenzen von bis zu $f_{auto} = 500$ Hz verwendet [75,189]. In speziellen Displays können Hintergrund LEDs mit Wiederholraten (Frequenzen) von bis zu $f_{special} = 1$ kHz eingesetzt werden [190]. Einen weiteren Spezialfall stellt VLC (vgl. Abschnitt 3.3.1) dar. Da VLC (d) auch in Verbindung mit Fahrzeugscheinwerfern verwendet werden kann, können die Strahlungsleistung und die resultierenden Temperaturen in einem ähnlichen Wertebereich, wie im Automotive-Bereich (c) beschrieben, liegen. Jedoch ist davon auszugehen, dass die Strahlungsleistungen und die Temperaturen aufgrund des modulierten und ggf. nur zeitweisen Betriebs, unterhalb der Werte für den Automotive-Bereich liegen. Allerdings werden Frequenzen von $f_{VLC} > 1$ MHz genutzt, die demnach wie in Abbildung 6.10 veranschaulicht, außerhalb des Parameterraums des MLTIS liegen [63]. Außerhalb des Automotive-Bereichs sind VLC-Frequenzen im Bereich von 1 kHz–10 MHz vorstellbar [191,192]. Es ist anzumerken, dass eine Einstellung der maximalen Prüffrequenz von f = 100 kHz mit einer Reduktion

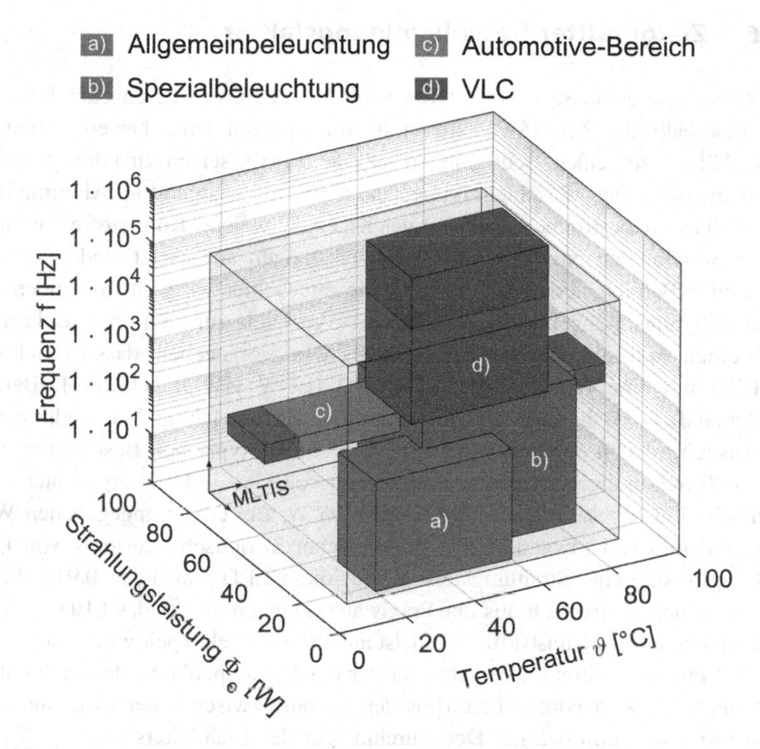

Abbildung 6.10 Parameterraum des MLTIS, bestehend aus Strahlungsleistung Φ_e, Temperatur ϑ und Frequenz f, zur Darstellung der abgedeckten Anwendungsgebiete aus der Beleuchtungstechnik: a) Allgemeinbeleuchtung, b) Spezialbeleuchtung, c) Automotive-Bereich, d) Visible Light Communication (VLC). Bereiche, die weit über die Grenzen des MLTIS-Parameterraums hinausgehen (z.B. < 0 °C, > 100 °C), sind aus Gründen der Übersichtlichkeit nicht dargestellt

der optischen Strahlungsleistung aufgrund von Übertragungsverlusten einhergeht (vgl. Abschnitt 4.4).

Die vorliegende zusammenfassende Darstellung dient der schnellen, grundlegenden und praxisnahen Beurteilung, welche Bereiche oder Teilbereiche aus der Beleuchtungstechnik durch den Prüfbereich für zeitgeraffte optische Alterung des MLTIS abgedeckt sind. Die Einordnung erhebt nicht den Anspruch einer exakten quantitativen Zuordnung.

6.1.6 Zeitgeraffter Beschleunigungsfaktor

Um Alterungsergebnisse an den (Kunststoff-) Proben, die durch eine Bestrahlung innerhalb der MLTIS-Reaktoren hervorgegangen sind, bewerten und in ein Verhältnis zu realen Bedingungen aus der Praxis setzen zu können, ist es von Interesse, einen Beschleunigungsfaktor für die zeitgeraffte Alterung mit dem MLTIS zu bestimmen. Als Vergleichsgebiet, welche Kunststoffe für optische Anwendungen extremen optischen Belastungen ausgesetzt sind, wird der Automotive-Bereich herangezogen. Aus diesem Gebiet wird im Folgenden ein Beschleunigungsfaktor für den MLTIS im Vergleich zur optischen Belastung durch einen Autoscheinwerfer bestimmt. Es wird vorgegeben, dass es sich bei der LED um eine typische Weißlicht-LED (LUW HWQP, OSRAM, Berlin, Deutschland) [193] handelt, die in Autoscheinwerfern häufig Verwendung findet. Ausgehend von der im Datenblatt angegebenen typischen Bestromung von $I_f = 1000$ mA und einer typischen Spannung von $U_f = 3{,}05$ V ergibt sich eine elektrische Leistungsaufnahme von $P_{el} = 3{,}05$ W. Bei einem angegebenen Wirkungsgrad für die Umwandlung von elektrischer in optische Leistung von $\eta = 30$ % ergibt sich eine Strahlungsleistung für diese LED von $\Phi_e = 0{,}915$ W. Es wird von einem Extremfall aus der Praxis ausgegangen, in der das LED-Licht in einen Lichtleiter aus Kunststoff – zumeist aus PC – eingekoppelt wird. Hierbei ist die LED mit einem minimalen Abstand vor der Einkoppelfläche des Lichtleiters positioniert. Es wird vorgegeben, dass der Abstand zwischen der LED und dem Kunststoff $s = 1$ mm beträgt. Der Durchmesser des Lichtleiters soll $d = 7$ mm betragen, wodurch sich eine kreisförmige Oberfläche von $A = 3{,}8 \cdot 10^{-5}$ m^2 ergibt. Dadurch trifft Licht unter einem maximalen Abstrahlwinkel von $\alpha = 148°$ auf die Fläche des Lichtleiters. Die LED weist eine Lambertsche Abstrahlcharakteristik auf, sodass aufgrund der vorgegebenen Geometrie noch rund 80 % der Strahlungsleistung auf dem Lichtleiter auftrifft. Gemäß Gleichung 5.3 ergibt sich bei der angepassten Strahlungsleistung von $\Phi_{e,A} = 0{,}8 \cdot 0{,}915$ W $= 0{,}732$ W eine Bestrahlungsstärke auf der Einkoppelfläche des Lichtleiters von:

$$E_e = \Phi_{e,A} / A = 0{,}732 \text{ W} \cdot 3{,}8 \cdot 10^{-5} \text{ m}^2 = 19{,}02 \text{ kW/m}^2$$

Es kann davon ausgegangen werden, dass längerwelliges Licht ($\lambda > 500$ nm) aufgrund der geringeren Energie nur sehr gering mit transparenten Kunststoffen wechselwirkt und somit vernachlässigbar zur Photodegradation beiträgt. Unter dieser Annahme wird bei der folgenden Berechnung des Beschleunigungsfaktors nur der blaue Anteil des Spektrums der in diesem Beispiel verwendeten Weißlicht-LED berücksichtigt. Abbildung 6.11 zeigt das Spektrum dieser LED mit der für Leuchtstoff-konvertierte LEDs typischen großen Emissionsbande im blauen Wellenlängenbereich (~ 400–450 nm). Die Emissionsbande ist vergleichbar mit dem Spektrum der im MLTIS verwendeten blauen LED (Abbildung 6.1). Zur Quantifizierung der Strahlungsleistung wird dieser Bereich entsprechend eines typischen schmalbandigen Emissionsspektrums über eine Lorentz-Funktion (gestrichelte Linie) angenähert. Die Flächen unter dem gesamten Spektrum (A_{total}) und der Lorentz-Funktion (A_{blue}) entsprechen der jeweiligen emittierten Strahlungsleistung. Das Verhältnis der Blaulichtemission zu der Gesamtemission entspricht dabei $\Lambda = 32\ \%$. Somit ergibt sich eine auf die Blaulichtemission angepasste Bestrahlungsstärke von:

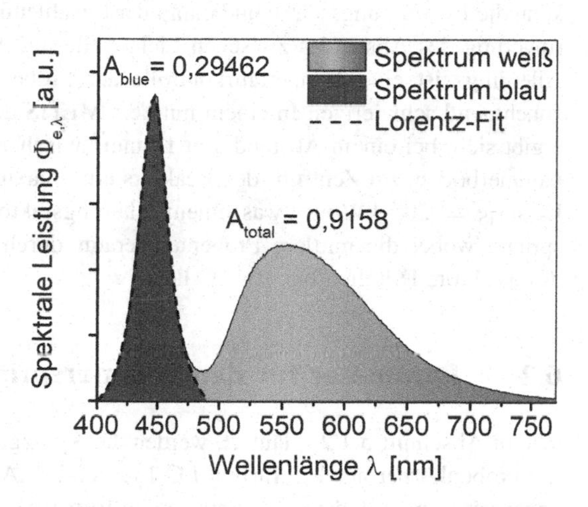

Abbildung 6.11 Typisches Weißlicht-LED-Spektrum einer Leuchtstoff-konvertierten blauen LED. Die Emissionsbande im blauen Wellenlängenbereich wird über eine Lorentz-Funktion (gestrichelte Linie) angenähert. Der Anteil der Blaulichtemission an der Gesamtemission beträgt rund $\Lambda = 32\%$

$$E_{e,blue} = E_e \cdot \Lambda = 19{,}02\ kW/m^2 \cdot 0{,}32 = 6{,}10\ kW/m^2$$

Für einen konkreten Versuch lässt sich der zeitgeraffte Beschleunigungsfaktor κ als Verhältnis aus der verwendeten Bestrahlungsstärke im Versuch $E_{e,exp}$ und der an die Blaulichtemission angepassten Bestrahlungsstärke $E_{e,blue}$ bestimmen:

$$\kappa = E_{e,exp} / E_{e,blue}$$

Der Beschleunigungsfaktor beschreibt unter Berücksichtigung der Bestrahlungsstärke, um wie viel schneller eine zeitgeraffte Alterung im Vergleich zu dem zuvor beschriebenen Szenario abläuft. Ein zusätzlicher Temperatureinfluss wird bei dieser Betrachtung nicht berücksichtigt. Es ist anzumerken, dass es sich um eine Abschätzung handelt, die nur für den beschriebenen Anwendungsfall (Fahrzeugscheinwerfer) unter den präsentierten Voraussetzungen und Annahmen gültig ist. Auf dieser Grundlage bestimmte Beschleunigungsfaktoren sind daher nur als grobe Richtwerte zu verstehen, die eine annähernde Einordnung der in den Alterungsversuchen herrschenden Bedingungen – im Vergleich zu realen (extrem-) Bedingungen – ermöglichen.

Für die in der Literatur beschriebenen Alterungsprüfstände HAST und ETIC (vgl. Abschnitt 3.6) ergeben sich aus den maximal angegebenen Bestrahlungsstärken von $E_{e,HAST} = 13{,}2\ kW/m^2$ bzw. $E_{e,ETIC} = 50\ kW/m^2$, maximale Beschleunigungsfaktoren von $\kappa_{HAST} = 2{,}16$ und $\kappa_{ETIC} = 8{,}20$. Grundsätzlich kann die Bestrahlungsstärke und damit der Beschleunigungsfaktor durch eine Verringerung des Abstandes zwischen Lichtquelle und Probe weiter erhöht werden. Allerdings ist eine Temperaturkontrolle der Probe mit abnehmendem Abstand zunehmend schwieriger. In einem mit dem MLTIS durchgeführten Versuch [164] ergibt sich, bei einem Abstand von 18 mm zwischen der LED und dem Probenkammerboden, im Zentrum des Reaktors eine maximale Bestrahlungsstärke von $E_{e,MLTIS} = 205\ kW/m^2$, was einem Alterungsfaktor von $\kappa_{MLTIS} = 33{,}61$ entspricht, wobei die mittlere Probentemperatur durch die effektive Temperierung des Reaktors lediglich bei 104 °C liegt.

6.2 Parameter für den Polymerspritzguss

Wie in Abschnitt 5.1.2 erläutert, werden die Spritzgussparameter zur Herstellung der Probenkörper aus PC Tarflon LC 1500 und PLA Luminy L130 im Vorhinein angepasst, um mit dem vorhandenen Instrumenten bestmögliche Probenkörper herstellen zu können. Die Spritzgussparameter werden dahingehend optimiert, dass die Probenkörper im sichtbaren Wellenlängenbereich eine möglichst hohe Transmission aufweisen. Tabelle 6.1 zeigt die jeweils optimierte Kombination von Spritzgussparametern, die für die Herstellung der Proben verwendet werden.

Tabelle 6.1 Optimierte Spritzgussparameter; Zylindertemperatur ϑ_{cyl}, Formtemperatur ϑ_{form}, Vordruck p_{pre} und Nachdruck p_{post}, zur Herstellung der PC Tarflon LC 1500 und PLA Luminy L130 Probenkörper [194,195]

Material	ϑ_{cyl} [°C]	ϑ_{form} [°C]	p_{pre} [bar]	p_{post} [bar]
PC Tarflon LC 1500	255	85	800	560
PLA Luminy L130	195	23	600	400

Die Menge an Polymergranulat beträgt pro Charge $m_{gran} = 10$ g, aus der maximal acht Proben hergestellt werden können. Die Aufschmelzzeit im Heizzylinder beträgt $t_{melt} = 5{,}5$ min. Für die Alterungsversuche werden Proben mit vergleichbaren Transmissionen ausgewählt. Zusätzlich werden alle Proben einer Sichtprüfung unterzogen, um Fehlstellen (Einschlüsse, Verunreinigungen) auszuschließen. Abbildung 6.12 zeigt den Mittelwert der Transmission und die Standardabweichung für die in den Alterungsversuchen verwendeten PC- und PLA-Probenkörper. Die Probenkörper beider Materialien weisen im sichtbaren Bereich (380–780 nm) eine hohe Transmission von T > 85 % auf. Zudem sind die errechneten Standardabweichungen der einzelnen ausgewählten Proben mit maximal 1,5 % für beide Probentypen sehr gering, sodass eine gute Vergleichbarkeit zwischen den gleichen Probentypen im Verlauf von Alterungsversuchen gegeben ist. Aufgrund von Rauheiten (Beschädigungen) in der Spritzgussform weisen alle hergestellten Proben leichte Kratzer an der Oberfläche auf. Da es sich um eine systematische Abweichung handelt, die bei allen Probenkörpern gleichermaßen vorhanden ist, wird die Bewertung von möglichen Alterungserscheinungen davon nicht beeinflusst.

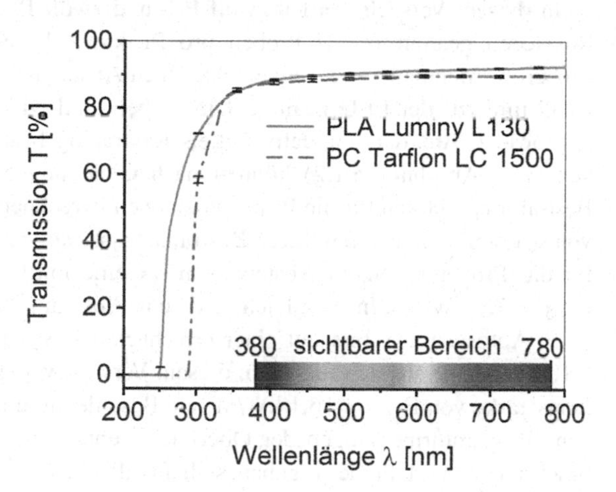

Abbildung 6.12 Mittelwert und Standardabweichung der Transmission T der spritzgegossenen und zur Alterung ausgewählten Probenkörper aus PC Tarflon LC 1500 und PLA Luminy L130. Der farbliche Verlauf kennzeichnet den sichtbaren Wellenlängenbereich λ von 380–780 nm

6.3 Photoalterung unter statischer optischer Belastung

Zur Betrachtung der Verwendbarkeit von PLA in optischen Systemen, insbesondere im Hinblick auf die Beständigkeit gegenüber LED-Strahlung, wird PLA mithilfe des MLTIS zeitgerafft gealtert. Ein limitierender Faktor für Alterungsversuche an PLA ist die in Abschnitt 3.2.2 erläuterte niedrige obere Temperaturgrenze von etwa $\vartheta_{cryst} = 55$ °C, ab der PLA erste Anzeichen von Kristallisation zeigt [196]. Durch die Kristallbildung kann es zu Eintrübungen und Formveränderungen kommen, die zu Veränderungen der optischen Eigenschaften und möglicherweise zu verfälschten Alterungseffekten führen. Das Design des MLTIS eröffnet jedoch die Möglichkeit Alterungsversuche bei Temperaturen unterhalb der Temperaturgrenze für die Kristallisation bei dennoch hohen Bestrahlungsstärken durchzuführen. Zur Bewertung der Alterungsergebnisse von PLA werden als Referenzmaterial zusätzlich Proben aus PC Tarflon LC1500 bei ansonsten gleichen Bedingungen gealtert. Diese Photoalterung von PC bei geringen Temperaturen kann zudem neue Erkenntnisse zur Unterscheidung zwischen rein optisch und thermisch induzierten Alterungsphänomenen liefern.

In diesem Versuch werden zwölf PC- und zwölf PLA-Proben in vier MLTIS-Reaktoren gealtert (sechs Proben pro Reaktor). Jeweils sechs PLA- und PC-Proben werden dabei in zwei verschiedenen Abständen von $s_{60} = 60$ mm und $s_{65} = 65$ mm zur der LED gealtert. Die Proben sind wie in Abbildung 5.7 gezeigt angeordnet. Aus den simulativ mittels Raytracing bestimmten Bestrahlungsstärken (vgl. Abschnitt 5.1.2) können nach Gleichung 5.4 und 5.5 die mittleren Bestrahlungsstärken für die Probenpositionen berechnet werden. Für den Abstand von s_{60} ergibt sich eine mittlere Bestrahlungsstärke von $E_{e,60} = 16{,}1$ kW/m^2 und für die Proben in einem Abstand von s_{65} eine mittlere Bestrahlungsstärke von $E_{e,65} = 7{,}9$ kW/m^2. Im Vergleich zu dem in Abschnitt 6.1.6 präsentierten Beispiel eines Autoscheinwerfers mit einer errechneten Bestrahlungsstärke von $E_{e,blue} = 6{,}10$ kW/m^2 ergibt sich für die in diesem Versuch verwendete maximale Bestrahlungsstärke von $E_{e,60} = 16{,}1$ kW/m^2 ein Beschleunigungsfaktor von $\kappa = 2{,}6$. Aus den Temperaturmessungen der Oberfläche, entsprechend der in Abschnitt 5.1.3 beschriebenen Methode, ergeben sich für die Proben im Abstand von s_{60} eine Temperatur von $\vartheta_{60} = 36{,}1$ °C und für die Proben mit Abstand von s_{65} eine Temperatur von $\vartheta_{65} = 23{,}0$ °C. Die Gesamtdauer der zeitgerafften Alterung beträgt $t_{total} = 5000$ h, wobei die Proben zu jeweils 16 Zeitpunkten entnommen und mittels UV/vis- und FTIR-Spektroskopie untersucht werden. Zusätzlich werden zu drei Zeitpunkten GPC-Messungen und zudem nach Abschluss der Alterung eine Ultra-Miko-Härteprüfung durchgeführt (vgl. Abschnitt 3.5.5 und 5.1.3).

6.3.1 Veränderung der Transmission

In Abbildung 6.13 und Abbildung 6.14 sind die Mittelwerte der Transmission T der jeweils sechs PC- und PLA-Proben im Abstand s_{60} von der LED dargestellt. Aus Gründen der Übersichtlichkeit sind nur Transmissionsspektren zu ausgewählten Zeitpunkten abgebildet. Zusätzlich wird auf die Einzeichnung der Standardabweichungen in Form von Fehlerbalken verzichtet, da die Standardabweichung zu allen aufgenommenen Zeitpunkten sehr gering ist (keine Überschneidung von den Fehlerbalken mit den Transmissionsspektren anderer Zeitpunkte) und sich daher keine Änderung des Gesamtbildes ergibt. Abbildung 6.13 zeigt die Entwicklung der Transmission der PC-Proben mit zunehmender Alterungszeit bis zu der Gesamtdauer t_{total}. Mit zunehmender Alterungszeit ist eine deutliche Abnahme der Transmission im kurzwelligen Bereich von 290–400 nm zu beobachten. Im Gegensatz zu den Transmissionsspektren der PC-Proben zeigen die Transmissionsspektren der PLA-Proben (Abbildung 6.14) einen Anstieg der Transmission in einem Bereich von 260–600 nm im Verlauf des Alterungsprozesses. Für eine umfängliche und zusammenfassende Darstellung der Auswirkungen der Alterung auf die optischen Eigenschaften von PLA und PC zeigen Abbildung 6.15 und Abbildung 6.16 die optische Dichte OD bei $\lambda = 360$ nm, berechnet gemäß Gleichung 5.2, für die beiden Abstände s_{60} und s_{65} in Abhängigkeit von der Alterungsdauer.

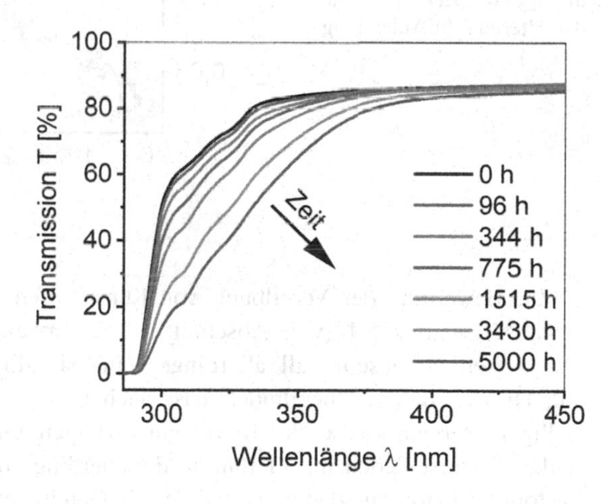

Abbildung 6.13 Mittelwerte der Transmission T von sechs PC-Proben im Verlauf der Alterung (0–5000 h) im Wellenlängenbereich λ von 285–450 nm. In Anlehnung an [43]

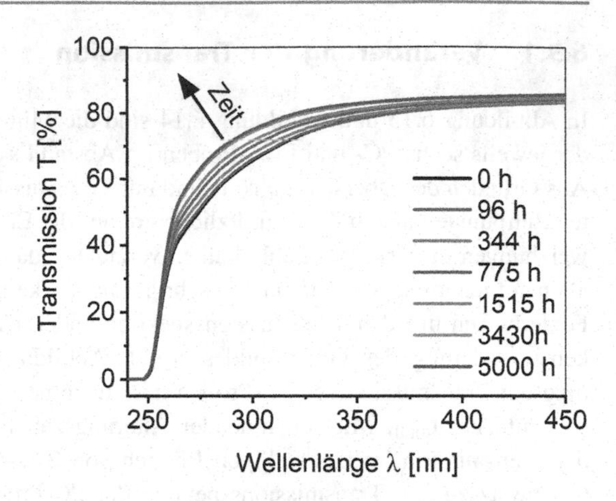

Abbildung 6.14 Mittelwerte der Transmission T von sechs PLA-Proben im Verlauf der Alterung (0–5000 h) im Wellenlängenbereich λ von 240–450 nm. In Anlehnung an [43]

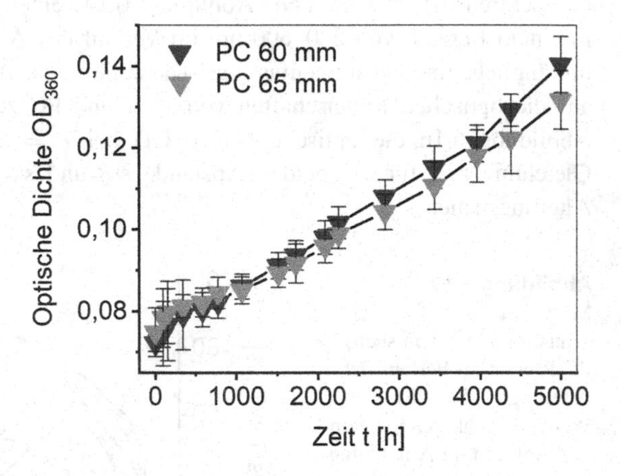

Abbildung 6.15 Mittelwert und Standardabweichung der optischen Dichte OD bei der Wellenlänge $\lambda = 360$ nm der jeweils sechs PC-Proben im Abstand s_{60} und s_{65} zur LED im Verlauf der Alterung. In Anlehnung an [43]

Zur Bewertung der Vergilbung von Kunststoffen wird üblicherweise der YI gemäß Gleichung 5.1 (vgl. Abschnitt 3.5.5) verwendet. Die beiden Probentypen weisen in diesem Fall allerdings keine signifikanten Änderungen im YI auf. Dies ist dadurch begründet, dass auch geringe Veränderungen im längerwelligen Bereich (u. a. durch Verschmutzungen und Messunsicherheiten) zu starken Unterschieden im YI führen, die allerdings für die Untersuchungen der Photodegradation unerheblich sind. Nach Gandhi et al. [116] besteht jedoch eine Korrelation zwischen dem YI einer Probe und der optischen Dichte OD bei $\lambda = 360$ nm. Dies wird durch weitere in dieser Arbeit durchgeführte

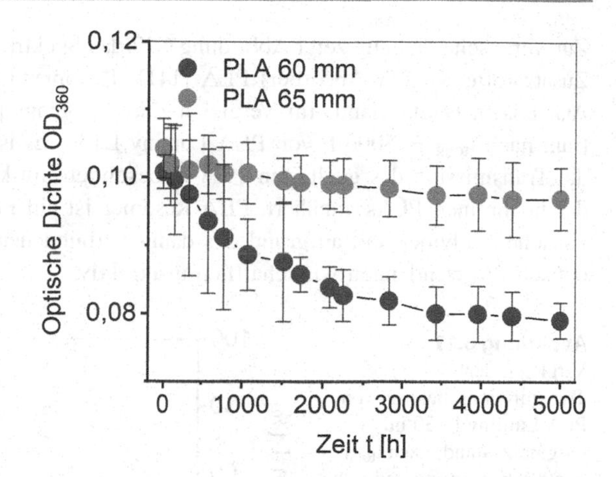

Abbildung 6.16 Mittelwert und Standardabweichung der optischen Dichte OD bei der Wellenlänge λ = 360 nm der jeweils sechs PLA-Proben im Abstand s_{60} und s_{65} zur LED im Verlauf der Alterung. In Anlehnung an [43]

Versuche bestätigt [164]. Abbildung 6.15 zeigt, dass die optische Dichte der PC-Proben mit zunehmender Alterungsdauer ansteigt. Dabei sind die Proben, die in einem geringeren Abstand zur LED positioniert sind, stärker betroffen. Bei diesen Proben lässt sich ein stärkerer Anstieg der optischen Dichte beobachten, mit einer auf den Ausgangszustand bezogenen relativen Zunahme von insgesamt $\Delta OD_{rel,360,PC60} = 17{,}0$ %. Bei den im Abstand von s_{65} gealterten Proben beträgt die gesamte relative Zunahme $\Delta OD_{rel,360,PC65} = 13{,}9$ %. Qualitativ entspricht diese Zunahme der optischen Dichte den aus der Literatur bekannten Alterungserscheinungen von PC bei der Alterung mit blauem Licht bei höheren Temperaturen von $\vartheta > 90$ °C [113,197]. Ein entgegengesetztes Verhalten kann für die optische Dichte der PLA-Proben beobachtet werden. Bezogen auf den Ausgangszustand beträgt die gesamte relative Abnahme der optischen Dichte über die gesamte Alterungszeit $\Delta OD_{rel,360,PLA60} = 4{,}9$ % für die Proben im Abstand von s_{60} und $\Delta OD_{rel,360,PLA65} = 1{,}7$ % für die Proben mit einem Abstand von s_{65}. Nach einer signifikanten Abnahme der optischen Dichte während der ersten t = 1000 h der Bestrahlung sättigt sich die Abnahme mit zunehmender Alterungszeit. Eine ähnliche Beobachtung für PLA wird von Gardette et al. [102], jedoch unter langwelliger UV-Bestrahlung, beschrieben. Diese Zunahme der Transmission, die als Aufhellen oder Ausbleichen der PLA-Proben beschrieben werden kann, könnte auf die Zersetzung von eingebauten UV-absorbierenden Zusatzstoffen oder anderer Additive zurückzuführen sein, die durch die Absorption von Strahlung langsam photolytisch abgebaut werden. In Folge des Abbaus erhöht sich die Transmission im kurzwelligen und UV-Bereich.

Zur Veranschaulichung zeigt Abbildung 6.17 das Spektrum von hochreinem (ohne Zusatzstoffe wie UV-Absorber) PLA [141] (Resomer L210S, Evonik Industries AG, Essen, Deutschland) im Vergleich zum Ausgangsspektrum und dem Spektrum nach t_{total} = 5000 h von PLA Luminy L130. Es ist zu erkennen, dass sich die Transmission des gealterten PLA insbesondere im kurzwelligen Bereich der des hochreinen PLAs annähert. PLA Resomer ist ein FDA[1]-zugelassenes medizinisches Polymer und aufgrund des damit verbundenen hohen Preisniveaus für optische Anwendungen wirtschaftlich unattraktiv.

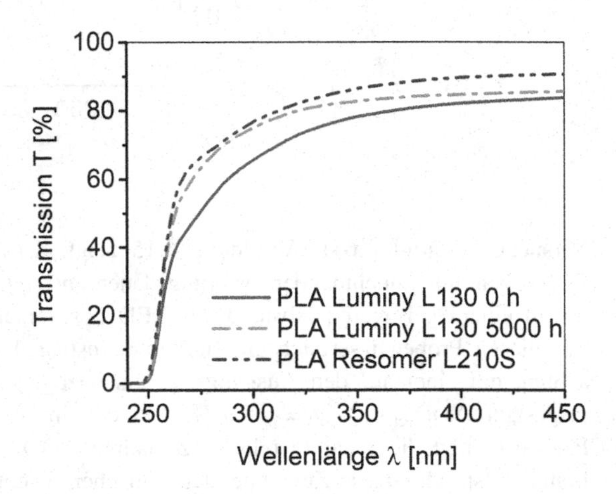

Abbildung 6.17 Vergleich der Transmissionsspektren von PLA Luminy L130 im Originalzustand, nach t_{total} = 5000 h Alterung und von PLA Resomer L210S im Wellenlängenbereich λ von 240–450 nm. In Anlehnung an [43]

6.3.2 Veränderungen der Molekülstruktur

Zur weiteren Untersuchung der durch die UV/vis-Spektroskopie beobachteten Veränderung der optischen Eigenschaften von PC und PLA werden im Folgenden die Ergebnisse der FTIR-Spektroskopie präsentiert. Die Aufnahmen werden entsprechend der in Abschnitt 5.1.3 beschriebenen Methoden durchgeführt. In Abbildung 6.18 sind die Mittelwerte der normalisierten und grundlinienkorrigierten FTIR-Spektren der in einem Abstand von s_{60} zur LED bestrahlten PC-Proben gezeigt. Der Ausschnitt zeigt den Bereich um die Carbonylbande zwischen den Wellenzahlen $\tilde{\nu}$ = 1890 cm^{-1} und $\tilde{\nu}$ = 1640 cm^{-1}. Im Verlauf der Alterung

[1] Food and Drug Administration: Lebensmittelüberwachungs- und Arzneimittelbehörde der Vereinigten Staaten.

lässt sich die Ausprägung zweier neuer Banden bei etwa $\tilde{\nu} = 1840\ \text{cm}^{-1}$ und $\tilde{\nu} = 1689\ \text{cm}^{-1}$ beobachten. Zur genaueren Identifizierung der Banden sind in Abbildung 6.19 die spektralen Veränderungen im Vergleich zu den Spektren der ungealterten Proben dargestellt.

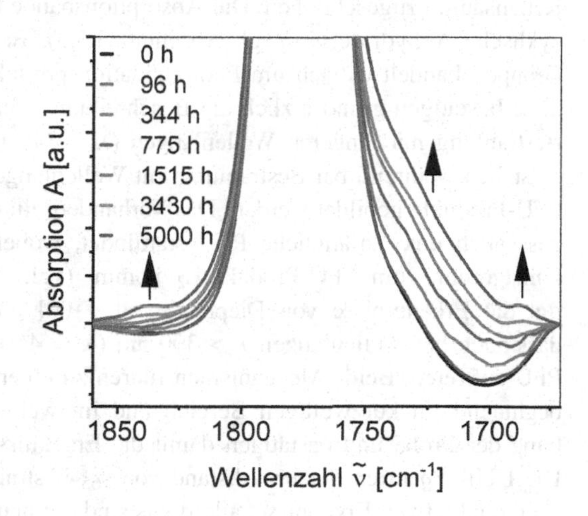

Abbildung 6.18 Mittelwerte der normalisierten und grundlinienkorrigierten FTIR-Spektren der sechs PC-Proben im Wellenzahlbereich $\tilde{\nu}$ der Carbonylregion zwischen 1890–1640 cm^{-1}, in einem Abstand von s_{60} zur LED. In Anlehnung an [43]

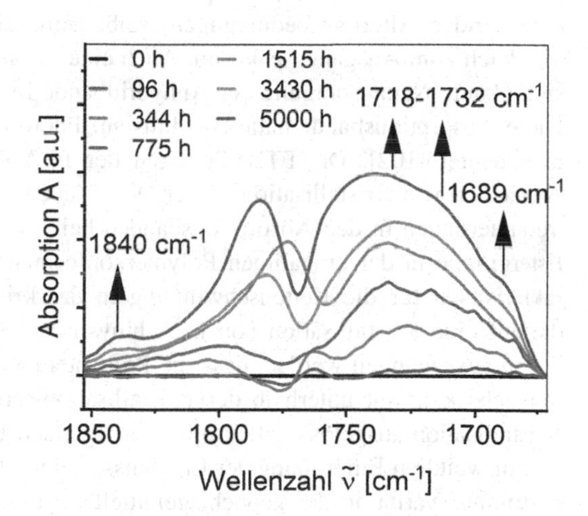

Abbildung 6.19 Veränderungen in den FTIR-Spektren der sechs PC-Proben in der Carbonylregion im Verlauf der Alterung im Vergleich zu den ungealterten Spektren. Der Abstand der Proben zur LED beträgt s_{60}. In Anlehnung an [43]

In dieser Darstellung lassen sich zusätzlich zu den oben erwähnten Absorptionsbanden mehrere neue Absorptionsbanden in einem Bereich zwischen $\tilde{\nu} =$

1732 cm^{-1} und $\tilde{\nu} = 1718$ cm^{-1} feststellen. Die Absorptionsbande bei etwa $\tilde{\nu} =$ 1689 cm^{-1} kann dem L_1 Produkt der PFU zugeordnet werden [97,198,199]. Das PFU Produkt L_2 bei rund $\tilde{\nu} = 1619$ cm^{-1} ist nicht zu beobachten. Die Absorption zwischen $\tilde{\nu} = 1732$ cm^{-1} und $\tilde{\nu} = 1718$ cm^{-1} wird der Bildung von aliphatischen Kettensäuren zugeschrieben. Die Absorptionsbande bei $\tilde{\nu} = 1840$ cm^{-1} deutet auf zyklische Anhydride hin (vgl. Abschnitt 3.5.3). Bei diesen neuen funktionellen Gruppen handelt es sich um Photooxidationsprodukte [97,198,199]. Die Ergebnisse bestätigen grundsätzlich die Beschreibung von Rivaton et al. [97], dass bei Bestrahlung mit längeren Wellenlängen ($\lambda > 340$ nm) eher Oxidationsprodukte entstehen, während bei Bestrahlung mit Wellenlängen $\lambda < 300$ nm hauptsächlich PFU-Produkte gebildet werden. Das Vorhandensein des Produkts L_1 zeigt jedoch, dass auch eine anfängliche PFU stattfindet, wobei es nicht zu einer weiteren Umlagerung zum PFU-Produkt L_2 kommt (vgl. Abschnitt 3.5.2). Dies bestätigt die Erkenntnisse von Diepens et al. [100] und Yazdan Mehr et al. [82], dass auch bei Wellenlängen $\lambda > 300$ nm ($\lambda = 450$ nm bei Yazdan Mehr et al.) PFU auftreten. Beide Mechanismen führen zu einer Abnahme der Transmission, beginnend im kurzwelligen Bereich und im weiteren Verlauf zu einer Vergilbung der Probe und bestätigen damit die Ergebnisse der UV/vis-Spektroskopie. Die FTIR-Spektren der im Abstand von s_{65} bestrahlten Proben zeigen die gleichen qualitativen Ergebnisse, allerdings sind die neuen Banden erwartungsgemäß weniger stark ausgeprägt. Die Auswertung der FTIR-Spektren der PLA-Proben unter beiden Alterungsbedingungen ergibt keine eindeutigen Veränderungen im Vergleich zum Ausgangsspektrum. Auch eine genauere Untersuchung zeigt keine signifikante Neuausprägung der Anhydridbande im Bereich um $\tilde{\nu} = 1840$ cm^{-1}. Diese Absorptionsbande hätte ebenfalls auf Photooxidationsprozesse im Material hingedeutet [102]. Die FTIR-Spektren der PLA-Proben werden außerdem auf Anzeichen von Kristallisation an der Oberfläche untersucht. Es sind jedoch keine Veränderungen in den Absorptionsbanden bei $\tilde{\nu} = 1212$ cm^{-1} (Schwingung der Estergruppe in der kristallinen Polymerkonformation) und $\tilde{\nu} = 920$ cm^{-1} (charakteristisch für die Kettenschwingung in der kristallinen Phase) festzustellen, die auf eine Kristallisation von PLA hinweisen würden [200–202]. Daher kann davon ausgegangen werden, dass die Probentemperaturen während des gesamten Versuchs konstant unterhalb der Kristallisationstemperatur lag und somit durch Kristallisation ausgelöste Effekte im vorliegenden Fall keine Rolle spielen.

Zur weiteren Einordnung der Ergebnisse zeigt Abbildung 6.20 die mittels GPC bestimmte Variation der gewichtsgemittelten molaren Massen M_w der PC- und PLA-Proben zu drei Alterungszeiten (0 h, 2256 h und 5000 h). Die gewichtsgemittelten molaren Massen der im Abstand s_{60} und s_{65} bestrahlten PC-Proben sind durch Dreiecke gekennzeichnet. Die Werte der PLA-Proben sind durch Punkte dargestellt. Die PLA-Proben weisen insgesamt keine signifikanten Veränderungen der M_W auf. Die PC-Proben hingegen zeigen einen leichten Rückgang von M_W, während der Rückgang bei den näher an der LED behandelten Proben erwartungsgemäß höher ist. Bezogen auf den Ausgangszustand von $41{,}0 \cdot 10^3$ g/mol (65 mm) und $41{,}3 \cdot 10^3$ g/mol (60 mm), beträgt die Abnahme 3,6 %, bzw. 5,1 %. Diese Abnahme kann auf Kettenspaltungen sowohl infolge der Photooxidation als auch infolge von PFU (vgl. Abschnitt 3.5.2 und 3.5.3) zurückgeführt werden, wobei die Kettenspaltung durch photooxidative Prozesse der dominante Mechanismus zu sein scheint [138].

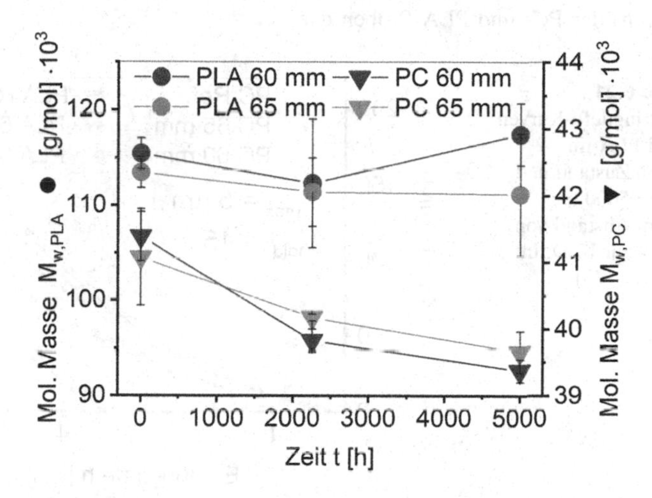

Abbildung 6.20 Mittelwert und Standardabweichung der gewichtsgemittelten molaren Massen M_W von PC und PLA im LED-Abstand s_{60} und s_{65} nach 0 h, 2256 h und 5000 h Alterung. In Anlehnung an [43]

Diese Ergebnisse unterstützen sowohl die Ergebnisse der FTIR-Spektroskopie mit den dort nachgewiesenen Oxidationsprodukten als auch Erkenntnisse auf Basis der UV/vis-Spektroskopie mit der dort festgestellten Vergilbung. Ebenfalls sind die nicht signifikanten Veränderungen der molaren Massen der PLA-Proben übereinstimmend mit den unauffälligen Ergebnissen der FTIR- und UV/vis-Messungen. Das unveränderte Molekulargewicht der PLA-Proben nach Bestrahlung mit blauem Licht unterscheidet sich demnach von den bekannten Alterungsergebnissen von PLA unter UV-Bestrahlung [104,178].

6.3.3 Veränderung der mechanischen Härte

Zur Bestimmung von potenziellen Veränderungen der mechanischen Eigenschaften der Probenmaterialien werden Ultra-Mikro-Härteprüfungen gemäß Abschnitt 5.1.3 durchgeführt. Abbildung 6.21 und Abbildung 6.22 zeigen die Ergebnisse für die PC- und PLA- sowie die Referenzproben. Die definierte maximale Eindringtiefe von $h_{max} = 5\ \mu m$ bei einer Haltezeit $t_{hold} = 15\ s$ wird für die Prüfung gewählt, um mögliche Veränderungen der mikromechanischen Eigenschaften ausschließlich an den äußeren bestrahlten Schichten der Probenoberflächen zu untersuchen. Abbildung 6.21 stellt die Kraft-Eindringtiefe-Kurven (F-h-Kurven) der PC- und PLA-Proben dar.

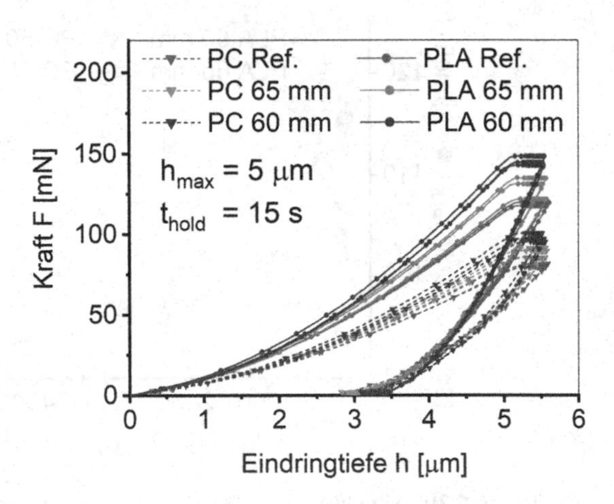

Abbildung 6.21 Kraft-Eindringtiefe-Kurven für PC und PLA im ungealterten Zustand und nach $t_{total} = 5000\ h$ Alterung im Abstand von s_{60} bzw. s_{65} zur LED. In Anlehnung an [43]

Im Vergleich zu den Referenzproben ergeben sich höhere maximale Prüfkräfte F_{max} bei h_{max} für die näher zur LED gelagerten Proben. Dies gilt sowohl für die PC- als auch für die PLA-Proben. Daraus lässt sich ableiten, dass die äußeren bestrahlten Schichten als Reaktion auf die Bestrahlung härter werden. Dies entspricht einer Änderung der Steigung der Entlastungskurve, die mit zunehmender Bestrahlung steiler wird.

Die F-h-Kurven der PC-Proben weisen qualitativ das gleiche Verhalten wie die PLA-Proben auf, wobei die erforderliche Prüfkraft geringer ist, da das Material weicher ist. Neben diesen Abweichungen sind bei beiden Materialien keine eindeutigen Veränderungen im Bereich zwischen der Be- und Entlastungskurve oder im Kriechverhalten während des Haltens bei der Maximalkraft F_{max} zu erkennen. Um die in Abbildung 6.21 beschriebenen Beobachtungen quantitativ und vergleichend auswerten zu können, werden die Martenshärte HM und der Eindringmodul E_{IT} bestimmt (vgl. Abschnitt 5.1.3). In Abbildung 6.22 sind die Mittelwerte und zugehörigen Standardabweichungen der PC-, der PLA- und der Referenzproben dargestellt. Bei den PLA-Proben ist ein Anstieg von HM und E_{IT} mit zunehmender Bestrahlungsdauer der Proben zu beobachten. Bei den PC-Proben ist das Verhalten qualitativ identisch, jedoch ist insbesondere der Anstieg von HM weniger stark ausgeprägt, wobei die Änderungen meist innerhalb der Standardabweichung liegen. Insgesamt deuten die Ergebnisse der Ultra-Mikro-Härteprüfungen darauf hin, dass die Bestrahlung der PLA- und auch – jedoch weniger ausgeprägt – der PC-Proben zu einer Erhöhung der Härte und Steifigkeit der äußeren bestrahlten Schichten der untersuchten Proben und damit zu einer Versprödung, d. h. zu einer Änderung des elastisch-plastischen Verformungsverhaltens führt.

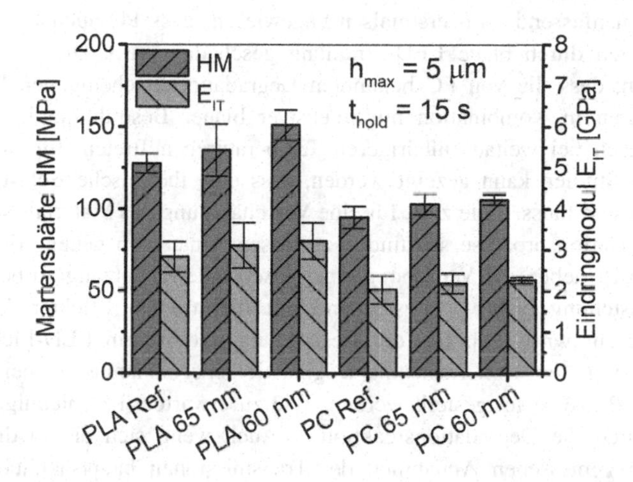

Abbildung 6.22 Martenshärte HM und Eindringmodul E_{IT} für PLA und PC im ungealterten Zustand und nach $t_{total} = 5000$ h für beide Abstände zur LED. In Anlehnung an [43]

Die Ergebnisse stehen im Einklang mit Untersuchungen von Yousif und Haddad [146], die ähnliche Ergebnisse für die Änderung der mechanischen Eigenschaften von Polystyrol unter UV-Bestrahlung und thermischer Belastung beschreiben. Es ist überraschend, dass im Gegensatz zu den Ergebnissen der anderen Testmethoden, die ein ausgeprägteres Degradationsverhalten für PC zeigen, die Veränderungen bei der Härteprüfung für PLA deutlicher ausfallen. Die

Versprödung der PLA-Proben könnte auch auf einen Effekt zurückzuführen sein, der nicht direkt mit der optischen Alterung zusammenhängt. Cui et al. [203] und Monnier et al. [145,204] haben gezeigt, dass die physikalische Alterung selbst bei Raumtemperatur eine Zunahme der Steifigkeit und eine starke Abnahme der Verformbarkeit bewirkt, was mit der Versprödung der Proben in den hier präsentierten Untersuchungen übereinstimmt. Bei der Einordnung der Ergebnisse sind Messunsicherheiten aufgrund des Messverfahrens zu berücksichtigen, da die Ultra-Mikro-Härteprüfung an den jeweiligen Proben erst am Ende der Alterungsversuche durchgeführt wird und die Referenzmessung nicht an derselben Probe erfolgt, da die Ultra-Mikro-Härteprüfung die optischen Eigenschaften der Proben im Eindringbereich beeinflusst. Dadurch kann es trotz gleicher Herstellungsparameter zu Unterschieden kommen, beispielsweise hinsichtlich der ursprünglichen Härte oder des Wassergehalts der Proben. Es ist nicht möglich, HM und E_{IT} im ursprünglichen und ungealterten Zustand an denselben Probenkörpern zu bestimmen.

Zusammenfassend wird erstmals nachgewiesen, dass PC auch bei niedrigen Temperaturen durch blaue LED-Strahlung geschädigt wird. Die Untersuchungen zeigen, dass die von PC bekannten Degradationserscheinungen bei hohen Temperaturen in Kombination mit intensiver blauer Bestrahlung in gewissem Umfang auch bei weitaus niedrigeren Temperaturen auftreten. Im Kontrast zu bisherigen Studien kann gezeigt werden, dass eine thermische Belastung nicht vorhanden sein muss, – die z. B. für eine Vorschädigung des Materials sorgt – um Photodegradationsprozesse stattfinden zu lassen. Unter den neuen Alterungsbedingungen ist neben der Vergilbung eine einsetzende Zersetzung zu beobachten, deren Entstehung bisher weitestgehend mit thermischen Effekten in Verbindung gebracht wird [81]. Bei der Bestrahlung mit blauem LED-Licht ist die Photooxidation der vorherrschende Degradationsmechanismus, wobei teilweise auch PFU-Prozesse festgestellt werden. Wie zu erwarten, beschleunigen höhere Temperaturen die Degradationsreaktionen. Auch wenn sich die in dieser Versuchsreihe gemessenen Abnahmen der Transmissionen hauptsächlich auf den Wellenlängenbereich von 290–430 nm beschränken, sind diese Erkenntnisse sehr relevant für die Praxis, da sich mit zunehmender Bestrahlungszeit auch eine Abnahme der Transmission im sichtbaren Bereich einstellen wird. In der Anwendung führt die Abnahme der Transmission im sichtbaren Wellenlängenbereich zu einer Verschlechterung der optischen Parameter eines Beleuchtungssystems. Als letzte Konsequenz kann es durch selbstverstärkende Effekte zu einem plötzlichen Komplettversagen des Materials kommen.

Im direkten Vergleich zu PC zeigt sich, dass PLA neben einer anfänglichen Versprödung weitestgehend resistent gegenüber blauer LED-Strahlung ist.

PLA weist bei den verwendeten Alterungsparametern keine ausgeprägten Degradationseffekte auf. Es ist zu erwähnen, dass es sich bei den Materialien um proprietäre[2] kommerzielle Polymerformulierungen handelt, sodass keine Informationen über den Zusatz von Photostabilisatoren verfügbar sind. Da PC Tarflon LC 1500 jedoch speziell für optische Anwendungen entwickelt ist, kann davon ausgegangen werden, dass das Material für diesen Zweck optimiert ist. Umso bemerkenswerter ist die Tatsache, dass PLA, das nicht speziell für optische Anwendungen optimiert ist, im Vergleich zu PC weitestgehend stabil gegenüber blauer LED-Strahlung ist. Insgesamt zeigen die Ergebnisse, dass PLA bezüglich seiner Beständigkeit gegenüber optischer Strahlung eine gute Alternative für die Verwendung als Kunststoff für optische Anwendungen darstellen kann.

6.3.4 Einfluss verschiedener Alterungsparameter

In dieser Arbeit werden neben den zuvor beschriebenen Untersuchungen weitere Alterungsversuche an PLA [196,205] und PC bei längerer Bestrahlungszeit und erhöhten Temperaturen und Bestrahlungsstärken durchgeführt. Um einen Überblick über die Auswirkungen der Alterung durch blaue LED-Strahlung auf die optischen Eigenschaften der beiden Materialien zu geben, sind in Abbildung 6.23 die Ergebnisse in einer zusammenfassenden Darstellung präsentiert. Um die Transmissionsänderungen der untersuchten Materialien PLA und PC zu verschiedenen Alterungszeitpunkten und unter dem Einfluss unterschiedlicher thermischer und optischer Belastungen gemeinsam darstellen zu können, wird die eingetragene Strahlungsenergie Q_e als Produkt aus der Alterungsdauer und der verwendeten Strahlungsleistung gebildet. Die Strahlungsenergie bildet daher die gemeinsame x-Achse des Diagramms. Auf der y-Achse ist die auf den jeweiligen Ausgangszustand der Proben normierte Transmissionsänderung $\Delta T_{rel,360}$, bei der mit dem YI korrelierenden Wellenlänge von $\lambda = 360$ nm dargestellt. Der Temperatureinfluss wird als zusätzlicher Parameter über eine Farbkodierung beschrieben. Die mittleren Transmissionswerte für PC sind jeweils durch Kreise gekennzeichnet – für PLA sind sie durch Rauten visualisiert.

In dieser zusammenfassenden Darstellung lässt sich erkennen, dass die Transmission von PC bei $\lambda = 360$ nm mit zunehmender eingetragener Strahlungsenergie abnimmt (negativer y-Achsen Abschnitt). Gleichzeitig ist zu beobachten, dass eine Temperaturerhöhung einen erheblichen beschleunigenden Einfluss auf die Abnahme der Transmission und somit auf die Vergilbung der Proben hat.

[2] Hier: Herstellerspezifische Zusammensetzung, die nicht offengelegt wird.

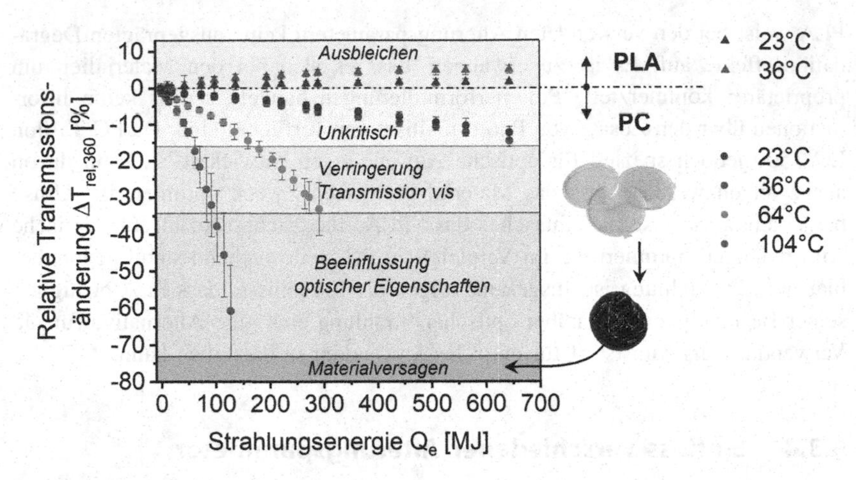

Abbildung 6.23 Zusammenfassende Darstellung der auf den Ausgangszustand bezogenen relativen Transmissionsänderung $\Delta T_{rel,360}$ bei der Wellenlänge $\lambda = 360$ nm von PC und PLA im Verlauf der Alterung. Auf der x-Achse ist die eingetragene Strahlungsenergie Q_e abgebildet. Die farblichen Hinterlegungen überführen die relativen Transmissionsänderungen in anwendungsorientierte Bereiche

Die farblichen Hinterlegungen gruppieren die relativen Transmissionsänderungen in praxisnahe Bereiche. Für Oberflächentemperaturen $\vartheta \leq 36$ °C und eine Strahlungsenergie von rund $Q_e = 650$ MJ kann von einer für den Anwendungsfall unkritischen Transmissionsabnahme ausgegangen werden. Für Temperaturen $\vartheta \geq 64$ °C sind ab einer Strahlungsenergie von rund $Q_e = 180$ MJ anfängliche Abnahmen der Transmission auch im sichtbaren Bereich (vis) von $\lambda > 380$ nm festzustellen. Dies kann zu einer Beeinflussung der optischen Eigenschaften, z. B. einer Reduktion der Helligkeit eines lichttechnischen Systems, in dem der Kunststoff als optische Komponente verwendet wird, führen. Bei noch höheren Temperaturbelastungen von $\vartheta = 104$ °C lässt sich bereits ab $Q_e = 100$ MJ eine deutliche Abnahme der Transmission im sichtbaren Wellenlängenbereich der Proben feststellen. Die zunehmende Abnahme der Transmission in diesem Bereich führt zu einer zunehmenden Absorption der kurzwelligen blauen LED-Strahlung, was wiederum zu einer erhöhten Vergilbung und somit zu einem sich selbst verstärkenden Prozess führt. Nach der Aufnahme des letzten Messpunktes dieser Temperaturreihe bei einer Strahlungsenergie von rund $Q_e = 125$ MJ, bei der visuell noch keine eindeutige Vergilbung beobachtet werden kann, tritt ein komplettes Versagen des Materials, d. h. eine Verkohlung der PC-Probe auf. Da dieser Effekt sehr schnell (innerhalb weniger Stunden) eintritt, ist eine genaue Bestimmung des Zeitpunkts des Materialversagens problematisch. Innerhalb des Diagramms sind beispielhaft intakte (transparente) PC-Proben repräsentativ für die ersten drei Bereiche und eine verkohlte PC-Probe repräsentativ für das Totalversagen im letzten Bereich abgebildet. Auf dem positiven y-Achsenabschnitt sind die relativen Transmissionsänderung der PLA-Proben aufgetragen. Wie zuvor beschrieben, lässt sich ein zu den PC-Proben gegenläufiges Verhalten beobachten, bei dem sich eine Zunahme der Transmission bei $\lambda = 360$ nm und somit ein Ausbleichen, bzw. eine Aufhellung einstellt. Für eine höhere Temperatur ist das Ausbleichen stärker ausgeprägt.

Es ist anzumerken, dass die festgelegten Bereiche und die entsprechenden Übergänge als Richtwerte – beispielsweise für die grobe Lebensdauervorhersage bei der Auslegung eines Beleuchtungssystems – und nicht als universelle Angabe anzusehen sind.

6.4 Photoalterung unter dynamischer optischer Belastung

Wie in Abschnitt 3.3.2 erläutert, wird zur Ansteuerung von LEDs, beispielsweise zum Dimmen des Lichtstroms, häufig die Methode der PWM verwendet. Da optische Kunststoffkomponenten während ihrer gesamten Lebensdauer der modulierten LED-Strahlung ausgesetzt sind, ist es wichtig, zusätzlich zur statischen (durchgängigen) optischen Belastung mit hohen Bestrahlungsstärken, die Auswirkung der PWM auf Kunststoffe hinsichtlich der Materialbeständigkeit zu untersuchen. Durch ein besseres Verständnis der Auswirkungen von Frequenz- und pulsweitenmodulierter Strahlung auf Kunststoffe, könnten Degradationserscheinungen verringert werden, wodurch sich die Lebensdauer solcher optischer Komponenten verlängern lassen kann. So könnten Kosten für den Austausch der einzelnen Bauteile oder sogar des gesamten Systems eingespart werden. Dies kann zusätzlich zu einer Erhöhung der Nachhaltigkeit im Bereich der Beleuchtungssysteme beitragen.

Zur Untersuchung der Photodegradation unter dynamischer optischer Belastung wird ein zeitgeraffter Alterungsversuch in den MLTIS-Reaktoren durchgeführt. PC wird als Probenmaterial ausgewählt, da es eines der am häufigsten verwendeten Materialien für optische Kunststoffkomponenten ist (vgl. Abschnitt 3.2.1) und somit neue Erkenntnisse über das Verhalten unter dynamischer optischer Belastung für viele Anwendungen relevant sind. Zur Simulation praxisnaher Bedingungen wird eine Modulationsfrequenz von $f = 500$ Hz gewählt. Diese Frequenz liegt in einem Frequenzbereich, der zur Ansteuerung von LED-Modulen in Automobilscheinwerfern verwendet wird (vgl. Abschnitt 3.3.2). Neben der Frequenz wird auch der Einfluss eines unterschiedlichen Tastgrads auf die Beständigkeit der PC-Proben im Vergleich zur durchgängigen Bestrahlung untersucht. Insgesamt werden 18 PC-Proben in drei MLTIS-Reaktoren zeitgerafft gealtert und in einem Abstand von $s_{18} = 18$ mm zur LED entsprechend der Anordnung in Abbildung 5.7 positioniert. Die Proben im ersten MLTIS-Reaktor werden analog zu dem in Abschnitt 6.3 präsentierten Versuch unter kontinuierlicher LED-Bestrahlung (CW-LED) gealtert. Weitere sechs Proben werden in einem zweiten Reaktor bei einer LED-Frequenz von f = 500 Hz und einem DC von 50 % (50 %-LED) zeitgerafft gealtert. In dem dritten Reaktor werden die Proben einer optischen Belastung ebenfalls mit einer LED-Frequenz von f = 500 Hz, jedoch einem DC von 25 % (25 %-LED) ausgesetzt. Eine Übersicht über die drei LED-Konfigurationen inkl. der nachfolgend verwendeten Bezeichnungen ist Tabelle 6.2 zu entnehmen.

Tabelle 6.2 LED-Konfiguration (Frequenz f, Tastgrad DC) inkl. der verwendeten Bezeichnungen

Bezeichnung	DC [%]	f [Hz]
CW-LED	100	0
50 %-LED	50	500
25 %-LED	25	500

Um die Alterungsergebnisse der Proben, die mit den drei verschiedenen Betriebsmodi der LED belastet werden, vergleichen zu können, wird die Leistung der verwendeten LEDs entsprechend der in Abschnitt 6.1.4 beschrieben Methoden so angepasst, dass in allen drei MLTIS-Reaktoren näherungsweise die gleiche Energiemenge in die Proben eingebracht wird. Für die Versuche wird ein Effektivstrom von $I_{eff} = 588$ mA verwendet. Bei diesem Effektivstrom ergibt sich die maximal zulässige Spannung ($U_f = 54$ V) der LEDs bei einem DC von 25 %.

Entsprechend Gleichung 5.4 und 5.5 resultiert für diesen Versuch eine mittlere Bestrahlungsstärke von $E_{e,dyn} = 32{,}5$ kW/m2 in allen drei MLTIS-Reaktoren. Dies entspricht, bezogen auf die Beispielrechnung aus Abschnitt 6.1.6, einem Beschleunigungsfaktor von $\kappa = 5{,}3$. Die Gesamtdauer der Probenalterung beträgt $t_{total,dyn} = 1500$ h. Zur Analyse werden die Proben zu insgesamt neun Zeitpunkten während des Alterungsversuchs entnommen und mittels UV/vis- und FTIR-Spektroskopie untersucht (vgl. Abschnitt 3.5.5). Zusätzlich werden nach Abschluss des Versuchs GPC-Messungen durchgeführt. Für jeden der drei MLTIS-Reaktoren wird nach t = 708 h, t = 1000 h und nach Abschluss des

Versuchs, jeweils eine Probe, repräsentativ für den jeweiligen Betriebsmodus der LED, mittels Lichtmikroskopie untersucht. Zu mehreren Zeitpunkten werden die Oberflächentemperaturen der Proben mit verschiedenen Instrumenten bestimmt. Temperaturmessungen mit einer IR-Kamera werden für jeden MLTIS-Reaktor zweimal durchgeführt. Darüber hinaus wird die Temperatur mit einem nicht-bildgebenden Hand-Infrarotthermometer und mit einem Thermoelement bestimmt. Die Messmethoden sind in Abschnitt 5.1.3 beschrieben.

6.4.1 Vergleich der optischen Veränderungen

Die UV/vis-Spektren zeigen für jeden Betriebsmodus der LED eine Abnahme der Transmission T der Proben mit zunehmender Alterungsdauer. Abbildung 6.24 zeigt die durchschnittliche Transmission der Proben aller Reaktoren jeweils zu Beginn ($t = 0$ h) und nach Abschluss der Alterung ($t_{total,dyn} = 1500$ h).

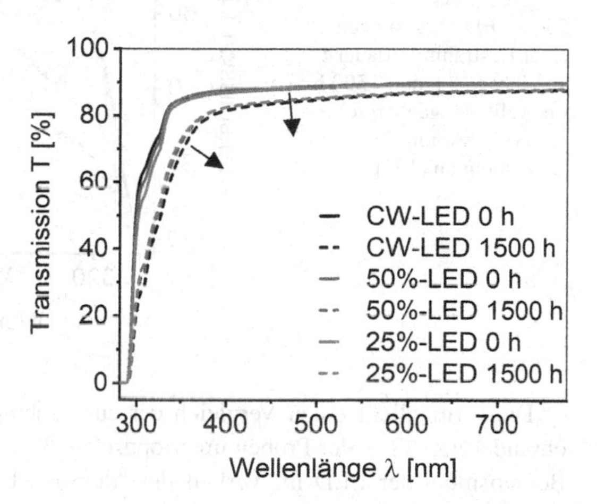

Abbildung 6.24 Mittelwert der Transmission T der CW-LED-, 50 %-LED- und 25 %-LED-Proben im ungealterten Zustand und nach einer Bestrahlungsdauer von $t_{total,dyn} = 1500$ h im Wellenlängenbereich λ von 280–780 nm. In Anlehnung an [167]

Das Spektrum lässt sich in zwei Wellenlängenbereiche unterteilen: $\lambda < 380$ nm, in dem eine relativ starke Abnahme der Transmission zu beobachten ist und $\lambda > 380$ nm (sichtbarer Bereich), in dem eine über den gesamten Wellenlängenbereich eher geringe Abnahme zu beobachten ist. Die gepulst bestrahlten Proben (50 %-LED, 25 %-LED) zeigen insbesondere im Wellenlängenbereich $\lambda < 380$ nm nach $t_{total,dyn}$ eine geringere Abnahme als die kontinuierlich bestrahlten Proben (CW-LED). Zur besseren Veranschaulichung sind in Abbildung 6.25 die Mittelwerte der Transmission und die Standardabweichungen der Proben im

Bereich $\lambda < 380$ nm nach $t = 0$ h, $t = 545$ h, und $t_{total,dyn}$ gezeigt. Die Transmission der Proben zum Ausgangszeitpunkt weichen leicht voneinander ab, wobei die CW-LED-Proben die höchste und die 25 %-LED-Proben die niedrigste Transmission aufweisen. Nach einer Alterungsdauer von $t = 545$ h gleichen sich die Mittelwerte der Transmission an. Nach $t_{total,dyn}$ ergibt sich ein signifikant höherer Mittelwert der Transmission der 25 %-LED- und 50 %-LED-Proben im Vergleich zu den CW-LED-Proben. Um den Trend besser zu verdeutlichen, zeigt Abbildung 6.26 eine weitere Darstellung der Transmissionsänderung für drei Alterungszustände. Aufgrund der unterschiedlichen Ausgangszustände der Proben in den jeweiligen MLTIS-Reaktoren, werden die Transmissionswerte in diesem Diagramm auf die Werte der jeweiligen ungealterten Ausgangsproben normiert.

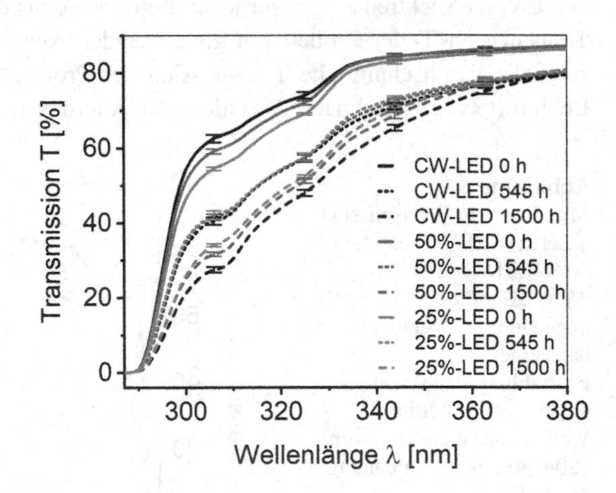

Abbildung 6.25 Mittelwert der Transmission T der CW-LED-, 50 %-LED- und 25 %-LED-Proben nach einer Bestrahlungsdauer t von 0 h, 545 h und 1500 h im Wellenlängenbereich λ von 335–380 nm. In Anlehnung an [167]

Dies ermöglicht einen Vergleich der durchschnittlichen relativen Transmissionsänderung ΔT_{rel} der Proben unter optischer Belastung durch die verschiedenen Betriebsmodi der LED im Verlauf der Alterung. Die 25 %-LED-Proben zeigen die geringsten relativen Transmissionsänderung über den gesamten Wellenlängenbereich, wobei die CW-LED-Proben die höchste relative Transmissionsänderung nach $t_{total,dyn}$ aufweisen. Bei einer Wellenlänge von $\lambda = 320$ nm, die PFU-Produkten zugeordnet wird [82], beträgt die relative Transmissionsänderung der CW-LED-Proben $\Delta T_{rel,320,CW} = -38{,}8$ %. Bei der gleichen Wellenlänge und Bestrahlungszeit weisen die 25 %-LED-Proben eine relative Transmissionsänderung von $\Delta T_{rel,320,25} = -26{,}3$ % auf. Die 50 %-LED-Proben zeigen bei gleichen Bedingungen eine relative Transmissionsänderung von $\Delta T_{rel,320,50} = -31{,}3$ %.

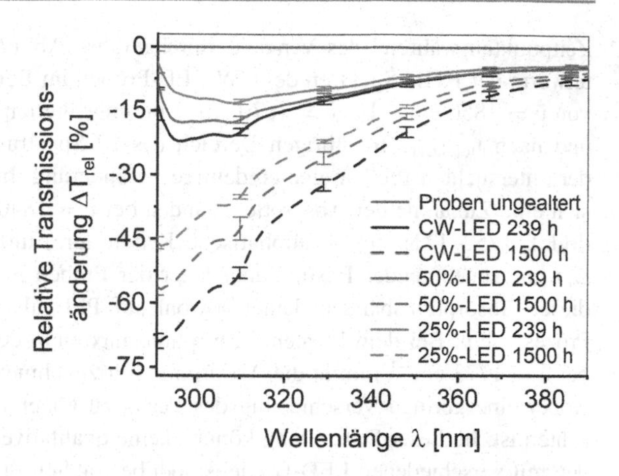

Abbildung 6.26 Vergleich der mittleren relativen Transmissionsänderung ΔT_{rel} der CW-LED-, 50 %-LED- und 25 %-LED-Proben nach einer Bestrahlungsdauer t von 239 h und 1500 h. In Anlehnung an [167]

Eine Zusammenfassung der relativen Transmissionsänderungen für besonders ausgeprägte Wellenlängen ($\lambda = 295$ nm und $\lambda = 308$ nm) sowie Wellenlängen, die der PFU zugeordnet werden ($\lambda = 320$ nm und $\lambda = 355$ nm) [82], findet sich in Tabelle 6.3.

Tabelle 6.3 Relative Transmissionsänderung ΔT_{rel} und Standardabweichung STABW nach der Alterung in Abhängigkeit von dem Betriebsmodus der LED für ausgewählten Wellenlängen λ [167]

	Rel. Transmissionsänderung ΔT_{rel} und Standardabweichung [%]					
λ [nm]	**CW-LED**	**CW STABW**	**50 %- LED**	**50 %-LED STABW**	**25 %- LED**	**25 %-LED STABW**
295	−67,1	±1,2	−55,2	±2,9	−45,4	±1,0
308	−55,6	±1,2	−44,8	±2,8	−36,9	±0,5
320	−38,8	±1,3	−31,3	±1,9	−26,3	±0,4
355	−16,2	±1,2	−13,3	±0,5	−11,4	±0,4

6.4.2 Vergleich der Molekülstrukturveränderungen

Zur Untersuchung möglicher Veränderungen der Molekülstruktur in Abhängigkeit von dem Betriebsmodus der LED wird die FTIR-Spektroskopie zu mehreren

Zeitpunkten während des Versuchs durchgeführt. Abbildung 6.27 zeigt die Mittelwerte der FTIR-Spektren der CW-LED-Proben im Bereich der Carbonylregion von $\tilde{\nu} = 1850\ \text{cm}^{-1}$ bis $\tilde{\nu} = 1670\ \text{cm}^{-1}$ im ungealterten Zustand, nach t = 545 h und nach $t_{total,dyn}$. Im übrigen Bereich des IR-Spektrums ergibt sich für keine der untersuchten Proben eine eindeutige Veränderung. In dieser Darstellung lässt sich eine Zunahme der Absorptionsbanden bei $\tilde{\nu} = 1840\ \text{cm}^{-1}$ (zyklische Anhydride), 1752–1718 cm^{-1} (aliphatische Kettensäure) und $\tilde{\nu} = 1675\ \text{cm}^{-1}$ (PFU L_1) mit zunehmender Bestrahlungsdauer der Proben beobachten. Das Auftreten dieser Absorptionsbanden deutet sowohl auf PFU als auch auf photooxidative Prozesse hin. Bei dem lokalen Absorptionsmaximum der Carbonylverbindungen bei $\tilde{\nu} = 1773\ \text{cm}^{-1}$ nimmt die Absorption mit zunehmender Bestrahlungszeit ab, wobei eine geringe Verschiebung des Peaks zu höheren Wellenzahlen zu beobachten ist. In dieser Darstellung können keine qualitativen Unterschiede zwischen den mit verschiedenen LED-Betriebsmodi bestrahlten Proben festgestellt werden. Diese Ergebnisse stehen im Einklang mit den Resultaten früherer Studien zur Photodegradation von PC unter blauer (CW-) LED-Strahlung [82,164] und den Ergebnissen dieser Arbeit aus Abschnitt 6.3.

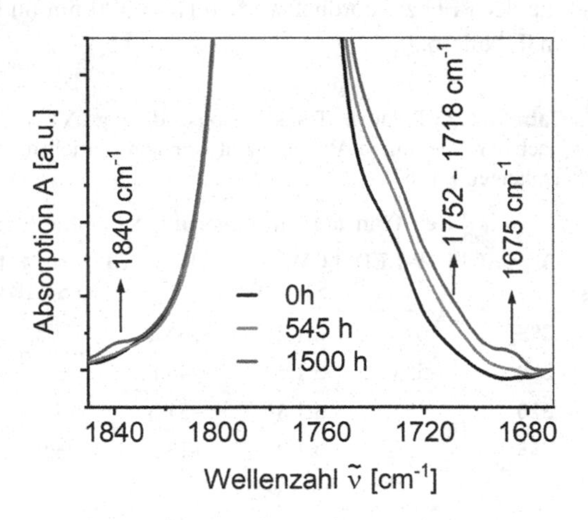

Abbildung 6.27 Mittelwert der FTIR-Spektren der CW-LED-Proben vor der Alterung, nach 545 h und nach $t_{total,dyn} = 1500$ h im Wellenzahlbereich $\tilde{\nu}$ der Carbonylregion zwischen 1850–1670 cm^{-1}. In Anlehnung an [167]

Um einen bestmöglichen quantitativen Vergleich zwischen den FTIR-Spektren der CW-LED-, 50 %-LED- und 25 %-LED-Proben zu erhalten, werden die Spektren der ungealterten Proben von den Spektren der Proben nach $t_{total,dyn}$ subtrahiert. Der Ausschnitt der Carbonylregion ist in Abbildung 6.28 dargestellt. Für alle Bestrahlungsbedingungen lässt sich eine zunehmende Ausprägung der eingezeichneten Wellenzahlen mit zunehmender Bestrahlungszeit beobachten. Für die Absorptionsbanden bei $\tilde{\nu} = 1840\ cm^{-1}$ und $\tilde{\nu} = 1675\ cm^{-1}$ lässt sich eine Tendenz erkennen, dass die Peaks bei den CW-LED-Proben stärker ausgeprägt sind als bei den 50 %-LED- und 25 %-LED-Proben. Diese Beobachtung deckt sich mit den Ergebnissen der UV/vis-Analyse, bei der die CW-LED-Proben die stärkste Abnahme der Transmission zeigen. Für die Bande zwischen $\tilde{\nu} = 1752\ cm^{-1}$ und $\tilde{\nu} = 1718\ cm^{-1}$ lässt sich diese Tendenz nicht feststellen. Diese unterschiedlichen Beobachtungen könnten auf Abweichungen bei den Aufnahmen der IR-Spektren oder Messunsicherheiten des Spektrometers zurückzuführen sein, lassen sich jedoch nicht eindeutig aufklären.

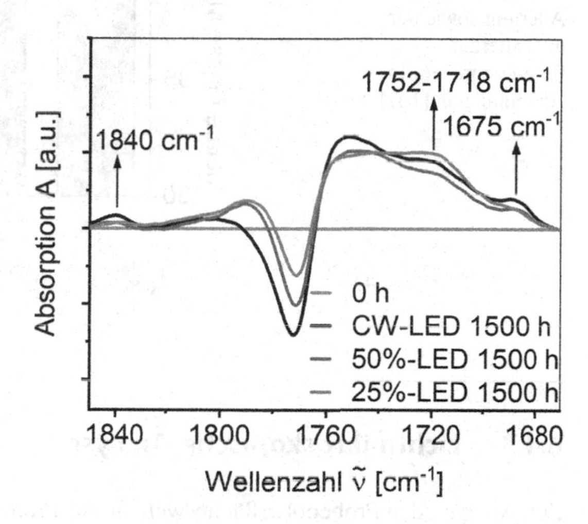

Abbildung 6.28 Änderung der Absorption A in den FTIR-Spektren der CW-LED-, 50 %-LED- und 25 %-LED-Proben nach $t_{total,dyn} = 1500$ h im Vergleich zu den Spektren der jeweiligen Proben vor der Alterung (0 h). In Anlehnung an [167]

Zur weiteren Untersuchung der Auswirkungen der verschiedenen Betriebsmodi der LED auf die Proben werden GPC-Messungen analysiert. Abbildung 6.29 zeigt die gewichtsgemittelten molaren Massen M_w der CW-LED-, 50 % LED und 25 % LED Proben nach dem Alterungsprozess. Darüber hinaus wird M_w der ungealterten Proben dargestellt. Insgesamt ist nach Abschluss der Alterung eine Abnahme von M_w zu beobachten. Die CW-LED-Proben weisen die höchste relative Abnahme von $M_{w,rel,CW} = -5{,}7\ \%$ im Vergleich zu den ungealterten Proben auf. Die 25 %-LED-Proben zeigen die geringste relative Abnahme von $M_{w,rel,25} = -1{,}4\ \%$ wobei die 50 %-LED-Proben eine relative Abnahme von $M_{w,rel,50} = -2{,}1\ \%$ aufweisen. Eine Abnahme der molaren Masse kann im Allgemeinen auf eine Kettenspaltung durch photodegradative Prozesse wie Photooxidation oder Photolyse hinweisen [206]. Diese Ergebnisse bestätigen die vorangegangenen Ergebnisse der UV/vis- und FTIR-Spektroskopie. In allen

Fällen zeigen die kontinuierlich bestrahlten Proben die deutlichsten Alterungsreaktionen, wohingegen die mit der 25 %-LED belasteten Proben die geringsten Veränderungen aufweisen.

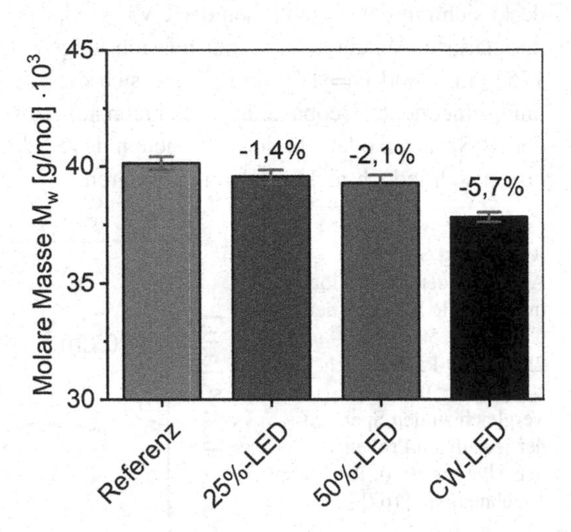

Abbildung 6.29 Mittelwert der gewichtsgemittelten molaren Massen M_w der CW-LED-, 50 %-LED- und 25 %-LED-Proben nach der Alterung sowie der ungealterten Referenzproben. In Anlehnung an [167]

6.4.3 Lichtmikroskopische Analyse

Zur Analyse der Probenoberfläche werden die Proben lichtmikroskopisch untersucht. Abbildung 6.30 zeigt repräsentative lichtmikroskopische Aufnahmen einer Probe aus dem 25 %-LED-Reaktor nach $t = 707$ h (a) und $t_{total,dyn}$ (b) in dem Bereich, in dem die ATR-FTIR-Spektroskopie durchgeführt wird. Auf den Bildern lassen sich vier Arten von Defekten erkennen. Die feinen Kratzer (1) sind bei allen Proben identisch und lassen sich auf Oberflächenrauheiten der Spritzgussform zurückführen. Die auffälligen kreisförmigen Kratzer (2) sind eine Folge der wiederholten ATR-FTIR-Spektroskopie, bei der die Proben eingespannt und auf den ATR-Kristall gepresst werden (vgl. Abschnitt 3.5.5). Die langen, orientierten Kratzer (3) können durch den Spritzgussprozess verursacht sein (z. B. Schlieren durch eine zu hohe Feuchtigkeit im Material [207]). Die Ursache für die loch- und kraterartigen Strukturen (4), mit einem Durchmesser von ca. $d = 10$ µm bis $d = 80$ µm sind nicht eindeutig zuordenbar. Da diese Krater teilweise auch bei frisch hergestellten Proben zu beobachten sind, ist davon auszugehen, dass sie bei dem Spritzgussprozess entstehen. Die Krater könnten u. a. durch das Ausgasen der Proben in Folge einer nicht optimalen Trocknung des Polymergranulats entstanden sein. Sie sind demnach keine Reaktion auf die Strahlungsbelastung. Die markanten schwarzen Strukturen (5) sind Fasern auf dem Objektträger und sind daher zu vernachlässigen. Diese mikroskopischen Merkmale der Probenoberflächen sind in ähnlicher Form zu ähnlichen Zeitpunkten auch bei anderen Proben vorzufinden. Mikroskopische Aufnahmen anderer Bereiche der Proben zeigen keine eindeutigen Unterschiede in Abhängigkeit von der Bestrahlungsmethode. Grundsätzlich zeigt die Gesamtheit der lichtmikroskopischen Aufnahmen keine eindeutigen zusätzlichen Defekte (z. B. Risse), die z. B. durch Versprödung der Oberfläche infolge der Bestrahlung entstanden sind.

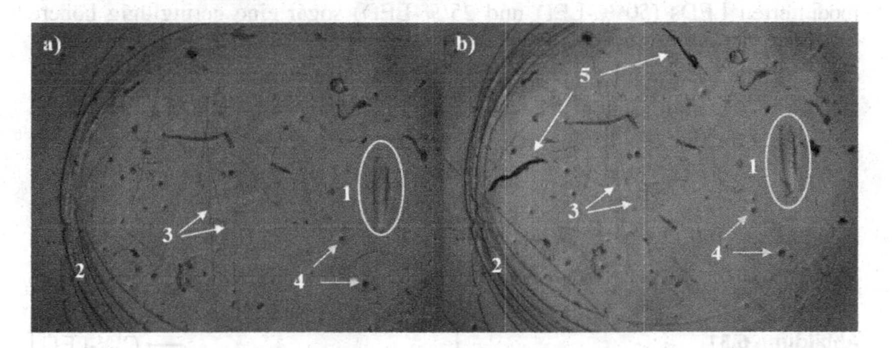

Abbildung 6.30 Lichtmikroskopische Aufnahmen einer 25 %-LED Probe nach a) t = 707 h und b) $t_{total,dyn}$ = 1500 h. Die vier Fehlertypen zeigen keine signifikanten Unterschiede, die auf die Bestrahlung zurückzuführen sind. Bei den Defekten handelt es sich um Kratzer durch die Spritzgussform (1), analyseinduzierte Kratzer (2), Kratzer durch den Spritzgussprozess (3), Krater durch Ausgasung (4) und Fasern auf dem Objektträger (5). In Anlehnung an [167]

6.4.4 Vergleich der Probenoberflächentemperaturen

Zusätzlich werden die Probenoberflächentemperaturen mehrfach mit verschiedenen Messmethoden bestimmt (vgl. Abschnitt 5.1.3). In Abbildung 6.31 sind die mit der IR-Kamera gemessenen Temperaturen in einem horizontalen Schnitt durch die Reaktormitte dargestellt (vgl. Abbildung 5.7). Die Proben befinden sich in den gekennzeichneten Bereichen. Im mittleren Bereich (s_{center} = −10 mm bis

s_{center} = 10 mm) wird die Temperatur des weißen Teflon-Untergrunds gemessen. Der Grund für die Diskontinuität ist der Übergang zu den Proben. Das symmetrisch abfallende Temperaturprofil wird durch die Bestrahlungsstärke der LED verursacht (vgl. Abbildung 6.4). Trotz der in Abschnitt 6.1.4 präsentieren angeglichenen Strahlungsleistungen in den drei MLTIS-Reaktoren lassen sich deutliche Unterschiede aus der Darstellung der Temperaturprofilen erkennen. Die Messungen werden in allen drei MLTIS-Reaktoren zweimal nach unterschiedlichen Alterungszeitpunkten nach einer Einlaufzeit der LED von 20 Minuten durchgeführt. Die wiederholten Messungen (Linien gleicher Farbe) zeigen nur geringe Unterschiede, die auf leicht andere Positionierungen der Proben zurückzuführen sind. Zwischen den Temperaturen, die den Betriebsmodi der LED zuzuordnen sind, lassen sich jedoch signifikante Unterschiede erkennen. Obwohl die beiden modulierten LEDs (50 %-LED und 25 %-LED) sogar eine geringfügig höhere Strahlungsenergie emittieren (vgl. Abschnitt 6.1.4), zeigen die Messungen in diesen Reaktoren signifikant geringere Temperaturen als bei der Messung der CW-LED. Die durchschnittliche Probentemperatur (nur über die Probenfläche gemessen) für die CW-LED-Proben beträgt ϑ_{CW} = 45,5 °C (Höchsttemperatur $\vartheta_{CW,max}$ = 53 °C). Die 50 %-LED-Proben haben eine durchschnittliche Temperatur von $\vartheta_{50\,\%}$ = 40,5 °C (Höchsttemperatur von $\vartheta_{50\,\%,max}$ = 47 °C). Die niedrigste Durchschnittstemperatur von $\vartheta_{25\,\%}$ = 37,3 °C (Höchsttemperatur von $\vartheta_{25\,\%,max}$ = 42 °C) wird bei den 25 %-LED-Proben gemessen.

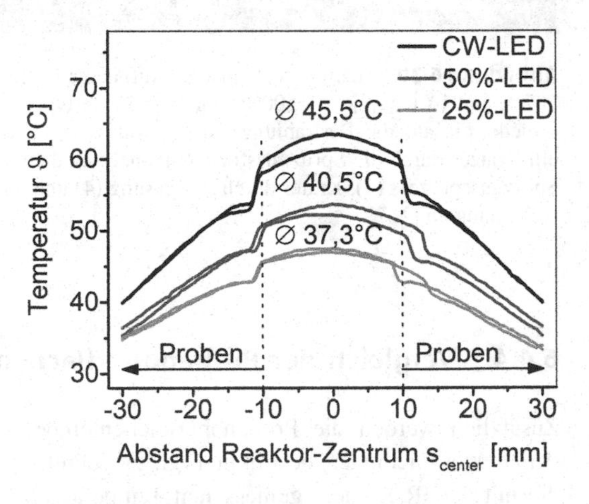

Abbildung 6.31 Temperaturprofile der Proben als horizontaler Schnitt (x-Achse) durch die Reaktormitte unter Belastung mit den drei verschiedenen Betriebsmodi der LED. Die Temperaturprofile gleicher Farbe sind nach 20 Minuten zu unterschiedlichen Alterungszeitpunkten aufgenommen. Die vertikalen gestrichelten Linien markieren den Beginn des Probenbereichs. In Anlehnung an [167]

Die Messungen mit dem Thermoelement und dem nicht-bildgebenden Hand-Infrarotthermometer bestätigen den Temperaturtrend in Abhängigkeit des

Betriebsmodus der LED. Die Temperaturen der mit dem nicht-bildgebenden Hand-Infrarotthermometer gewonnenen Daten sind in Abbildung 6.32 dargestellt. Für jeden Bereich (Zentrum der Reaktoren sowie links und rechts vom Zentrum entlang der in Abbildung 5.7 gezeigten x-Achse) kann die Temperaturabnahme mit abnehmendem DC bestätigt werden. Alle Temperaturdaten, einschließlich der mit dem Thermoelement ermittelten Daten, sind in Tabelle A4 im elektronischen Zusatzmaterial gezeigt.

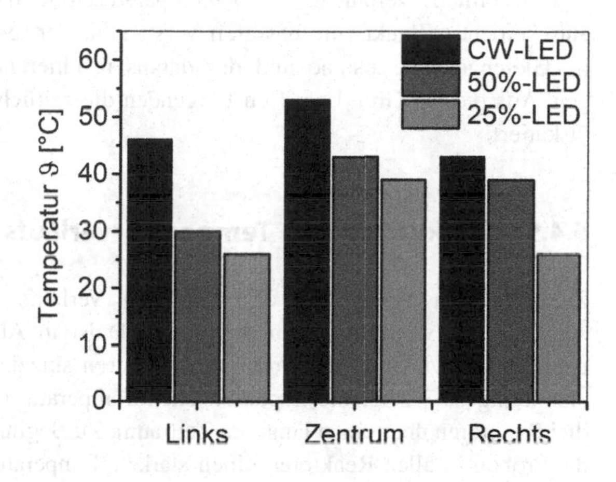

Abbildung 6.32 Temperaturen ϑ der Messungen mit dem nicht-bildgebenden Hand-Infrarotthermometer für die drei Betriebsmodi der LED. Die Positionsangaben beziehen sich auf die horizontale x-Achse der Reaktoren. In Anlehnung an [167]

Insgesamt zeigen die durchgeführten Versuche zur zeitgerafften Photoalterung unter dynamischer Belastung überraschenderweise, dass der verwendete Betriebsmodus der LED (Frequenz und DC) einen signifikanten Einfluss auf die Alterungserscheinungen der Proben hat. Die höheren Strahlungsleistungen (vgl. Abschnitt 6.1.4) der modulierten LEDs führen zu einer Unterschätzung der Gesamtenergien, die auf die 50 %-LED- und 25 %-LED-Proben einwirken. Daher wird eine im Vergleich zur CW-Alterung (über-) kritische Bewertung der dynamisch induzierten Photodegradation vorgenommen. Dies gewährleistet einen realistischen Vergleich mit den Alterungsbedingungen der CW-LED-Proben, da hier die mildesten Alterungsbedingungen vorherrschen. Trotz dieser Bedingungen sind mit mehreren Temperaturmessmethoden signifikante Temperaturunterschiede der Probenoberflächen festzustellen. Es ist daher anzunehmen, dass der Betriebsmodus der LED, d. h. das Verhältnis von Ein- zu Ausschaltzeit, einen erheblichen Einfluss auf die Probentemperatur im Gleichgewichtszustand hat. Bei einem DC von 100 % sind die Temperaturen am höchsten, für einen DC von 50 % bzw. 25 % ergeben sich absteigend geringere Probentemperaturen. Erhöhte Temperaturen wirken grundsätzlich beschleunigend auf die Reaktionskinetik, die z. B. durch die Van't-Hoff- und Arrhenius-Gleichungen beschrieben wird. Dieser Effekt wurde auch in einer Studie von Gandhi et al. [20] für PC beobachtet. So erklären die Temperaturunterschiede die stärkere Abnahme der Transmission, die stärkere Ausprägung der mit Photodegradation assoziierten Absorptionsbanden im IR-Spektrum und die erhöhte Abnahme der molaren Massen der CW-LED-Proben im Vergleich zu den dynamisch gealterten Proben.

Der zeitliche Verlauf der Probentemperaturen in Abhängigkeit des DC ist ein entscheidender Punkt zum besseren Verständnis der resultierenden Temperaturen im Gleichgewichtszustand und der daraus resultierenden Alterungserscheinungen. Aus diesem Grund wird im Folgenden die zeitliche Temperaturentwicklung diskutiert.

6.4.5 Diskussion des Temperaturverlaufs

Zum besseren Verständnis des zeitlichen Verlaufs der Probentemperatur in Abhängigkeit vom Betriebsmodus der LED ist in Abbildung 6.33 eine hypothetische Entwicklung der Probentemperaturen skizziert. Die untere Hälfte von Abbildung 6.33 zeigt die hypothetischen Temperaturverläufe der Proben in den drei Reaktoren über einen längeren Zeitraum. Zu Beginn der Bestrahlung erfahren die Proben in allen Reaktoren einen starken Temperaturanstieg (1). Im weiteren Verlauf des Versuchs verringert sich der Temperaturanstieg und die Temperaturen erreichen einen stationären Zustand, wobei die Temperatur der CW-LED-Proben am höchsten ist, gefolgt von den 50 %-LED-Proben und den 25 %-LED-Proben (2).

Der obere Teil der Abbildung zeigt zwei Nahaufnahmen der Temperaturverläufe, wobei der linke Teil die Erwärmung der Proben in Abhängigkeit von der Bestrahlung in der Anfangsphase des Versuchs demonstriert. Die Abkühlung eines Materials bei geringen Temperaturunterschieden lässt sich empirisch korrekt mit dem Newtonschen Abkühlungsgesetz beschreiben [208]. Für präzisere Vorhersagen ist die Wärmeübertragung als Strahlungsprozess zu betrachten. Das Stefan-Boltzmann-Gesetz kann verwendet werden, um diesen Strahlungswärmeverlust zu beschreiben. Die Wärmestrahlung (Abgabe von Wärmeenergie) ist proportional zur vierten Potenz der Temperatur einer Probe. Konvektion und Wärmeleitung können für diese Art des Wärmetransports vernachlässigt werden [209]. Dies bedeutet, dass eine Erhöhung der Probentemperatur die Energieabgabe und damit die Abkühlungsrate erhöht. Dieser Zusammenhang über die vierte Potenz wird im Diagramm durch die Form der Abkühlkurven (3) nach jedem Lichtpuls skizziert. Unmittelbar nach Beendigung des Energieeintrags (Lichtpuls) ist die Abkühlungsrate sehr hoch. Danach wird der Temperaturabfall geringer. Alle Proben erreichen zu Beginn die gleiche Maximaltemperatur ϑ_{max}, da die gleiche Menge an Strahlungsenergie zugeführt wird (4). Der entscheidende Unterschied zwischen den Temperaturen der Proben besteht darin, dass diese Temperaturmaxima während jeder Bestrahlungsperiode (5) zu unterschiedlichen Zeitpunkten erreicht werden. Das bedeutet, dass die Abkühlungsprozesse - die für die Erklärung der Temperaturunterschiede in diesem Modell wesentlich sind - zu unterschiedlichen Zeitpunkten beginnen und daher auch zu unterschiedlichen Zeitpunkten durch den darauffolgenden Puls wieder unterbrochen werden. Dies führt dazu, dass die Temperatur aller Proben am Ende einer jeden Periode (6) höher ist, als die Temperatur vor dieser Bestrahlungsperiode und dass die Temperaturdifferenz $\Delta\vartheta$ (7) zwischen den Proben mit der Zeit zunimmt.

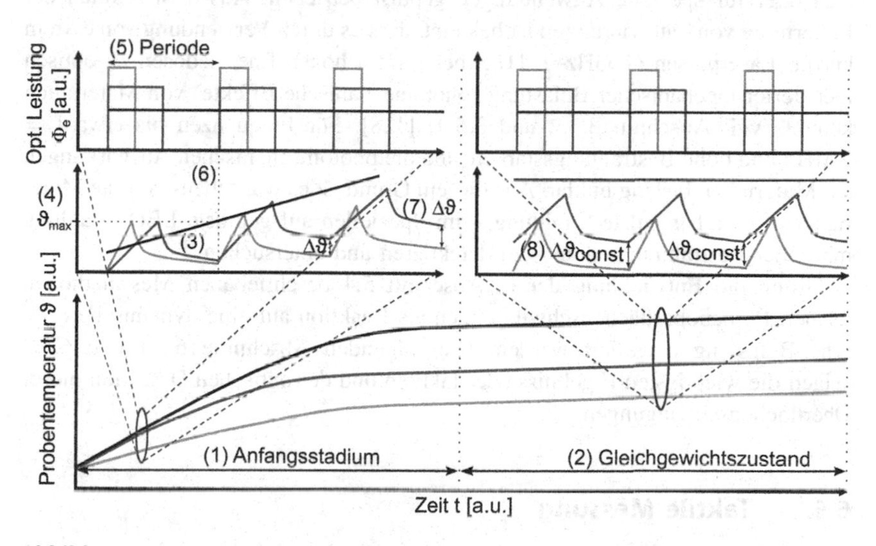

Abbildung 6.33 Hypothetische Entwicklung der Probentemperatur ϑ mit zunehmender Alterungsdauer t in Abhängigkeit von dem Betriebsmodus der LED. Der untere Teil zeigt den Temperaturverlauf über einen längeren Zeitraum. Nahaufnahmen des Anfangsstadiums und des Gleichgewichtszustands sind oben links bzw. rechts skizziert. In Anlehnung an [167]

Die zweite Nahaufnahme im oberen rechten Teil des Diagramms skizziert die Erwärmung der Proben als Funktion der Bestrahlung im Gleichgewichtszustand. In diesem Zeitraum bleibt die Temperaturdifferenz $\Delta\vartheta_{const}$ zwischen den Proben konstant (8), da sich für alle Proben ein konstantes Temperaturniveau einstellt. Der beschriebene Zustand ist jedoch nur näherungsweise ein Gleichgewichtszustand, da mit fortschreitender Bestrahlungsdauer eine sehr geringe Erhöhung der Temperatur zu erwarten ist. Dies ist dadurch begründet, dass die Proben, wie aus der UV/vis-Analyse ersichtlich, mit zunehmender Bestrahlungsdauer langsam vergilben, wodurch mehr Strahlung – besonders im kurzwelligen Bereich – absorbiert wird, was wiederum zu einer zunehmenden Erwärmung der Probe führt.

6.5 Optisch induzierte dynamische mechanische Belastung

LED-Lichtquellen werden im Bereich der Beleuchtungstechnik u. a. zum Dimmen oder für spezielle Anwendungen gepulst betrieben. Aus dem Bereich der Entfernung von Tätowierungen ist bekannt, dass es durch Verwendung von extrem kurzen Laserpulsen (1 GHz–1 THz) bei extrem hohen Energiedosen zu optisch induzierter mechanischer Belastung (photomechanische Effekte) von Materialien kommt (vgl. Abschnitt 3.3.2 und 3.5.4) [128]. Für Frequenzen bis etwa $f = 2$ MHz und hohe Bestrahlungsstärken sind die photomechanischen Auswirkungen auf Materialien bislang unklar. Aus diesem Grund ist es wünschenswert die Materialreaktion auf gepulste Strahlung – im Speziellen auf gepulste LED-Strahlung mit hoher Bestrahlungsstärke – zu detektieren und untersuchen.

Durch die Entwicklung der in Abschnitt 5.4 beschriebenen Messmethoden können Probenoberflächenschwingungen als Reaktion auf eine dynamische optische Belastung detektiert werden. Die folgenden Abschnitte 6.5.1 und 6.5.2 zeigen die wichtigsten Ergebnisse der taktilen und der optischen Detektion dieser Oberflächenschwingungen.

6.5.1 Taktile Messung

Die taktilen Messungen mit dem AFM werden entsprechend der in Abschnitt 5.4 beschriebenen Methoden und Parameter durchgeführt. Für alle untersuchten Anregungsfrequenzen f_{pulse} der LED sind Schwingungen der Oberflächen an beiden Materialproben festzustellen, wobei die Kunststoffprobe im Vergleich zur Aluminiumprobe deutlich höhere Schwingungsamplituden Δy zeigt. Unter Verwendung einer Anregungsfrequenz von $f_{pulse} = 10$ Hz ergibt sich unmittelbar nach dem Einschalten der LED eine Schwingungsamplitude der Kunststoffprobenoberfläche von $\Delta y > 200$ μm. Zusätzlich kann eine Biegung der Probenplatte detektiert werden. Stärkere Auslenkungen können nicht gemessen werden, da die Grenze des Messbereichs – vorgegeben durch die maximale Biegung des Cantilevers – erreicht wird. Aus diesem Grund wird die Strahlungsleistung der LED bei den Versuchen mit den Kunststoffproben reduziert.

Für eine Anregungsfrequenzen von $f_{pulse} = 100$ Hz (DC = 50 %) zeigt Abbildung 6.34 ausschnittweise die taktil gemessene Materialreaktion der Kunststoffprobe im zeitlichen Verlauf von t = 200 ms. Es zeigt sich, dass die induzierten rechteckigen LED-Pulse (vgl. Abbildung 6.8) periodische Schwingungen der Materialoberfläche im Nanometerbereich erzeugen. Die Schwingungen haben näherungsweise einen sinusförmigen Verlauf mit im Vergleich zu den induzierten rechteckigen Anregungssignalen der LED spitzer zulaufende Peaks. Dies kann zum einen durch die begrenzte Auflösung der taktilen AFM-Messungen begründet sein, sodass die Form der Schwingungen nicht ideal aufgezeichnet werden können, zum anderen kann die Begründung in der Trägheit des Materials – bei der Umsetzung der absorbierten Strahlung in Bewegung – liegen.

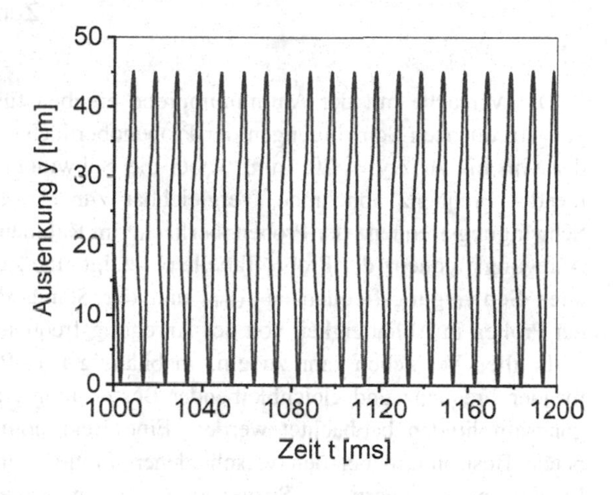

Abbildung 6.34 Materialreaktion der Kunststoffprobe auf die dynamische optische Belastung mit einer Anregungsfrequenz von $f_{pulse} = 100$ Hz in einem Zeitraum von t = 200 ms

Abbildung 6.35 zeigt die Vergrößerung einer Schwingung im Bereich von t = 1013 ms bis t = 1030 ms. Über den gesamten Messbereich ergibt sich eine gleichbleibende periodische Schwingung mit einer mittleren Schwingungsamplitude von $\Delta y_{mid} = 45{,}12$ nm. Die gemittelte Zeit zwischen zwei Schwingungsmaxima beträgt $\Delta t_{mid} = 10{,}0004$ ms, was einer Materialschwingungs-Frequenz von $f_{vibra} = 99{,}995$ Hz entspricht. Die Standardabweichung beträgt 0,23 Hz. Dies zeigt, dass die eingestellte Anregungsfrequenz der LED auf das Material übertragen wird, sodass als Reaktion eine Oberflächenschwingung mit näherungsweise gleicher Frequenz messbar ist. Ein sehr ähnliches Verhalten kann für die übrigen getesteten Anregungsfrequenzen beobachtet werden.

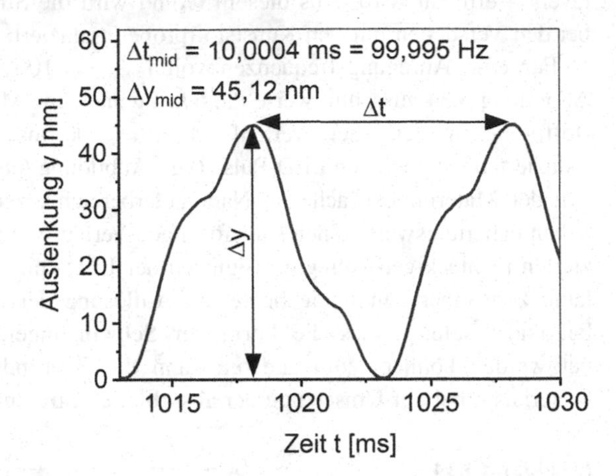

Abbildung 6.35 Vergrößerung einer Schwingung der Kunststoffprobe bei einer Anregungsfrequenz durch die LED von f_{pulse} = 100 Hz

Die Versuche mit der Aluminiumprobe ergeben für alle verwendeten Anregungsfrequenzen Schwingungen der Probenoberflächen mit maximalen Amplituden von bis zu $\Delta y = 200$ nm, wobei die Schwingungsamplituden mit zunehmender Frequenz abnehmen. Vergleichbar zur Kunststoffprobe entspricht die Schwingungsfrequenz der Probenoberfläche im Rahmen der Messunsicherheit der Anregungsfrequenz der Probe. Tabelle 6.4 zeigt eine Zusammenfassung der mittleren Schwingungsfrequenzen f_{vibra} und der Standardabweichungen (STABW) der Proben in Abhängigkeit von der Anregungsfrequenz f_{pulse} durch die LED.

In allen Versuchen kann zudem, unabhängig vom Probenmaterial, bei zunehmender Frequenz und gleichbleibender Bestromung eine Abnahme der Schwingungsamplituden beobachtet werden. Eine Begründung könnte die gleichbleibende Bestromung bei den verschiedenen Frequenzen sein, sodass für höhere Frequenzen, eine geringere Stromstärke und damit eine geringere Strahlungsleistung pro Puls generiert wird. Ob zusätzlich zu diesem Effekt die Frequenz, z. B. aufgrund von verschiedenen Trägheiten der Materialien, einen Einfluss auf die Amplitudenhöhe hat, bleibt zunächst offen.

Tabelle 6.4 Mittlere Schwingungsfrequenzen f_{vibra} und Standardabweichungen STABW der Oberflächen der Kunststoff- und der Aluminiumprobe in Abhängigkeit von der Anregungsfrequenz f_{pulse} der LED

LED	Kunststoff		Aluminium	
f_{pulse} [Hz]	f_{vibra} [Hz]	STABW [Hz]	f_{vibra} [Hz]	STABW [Hz]
10	9,95	0,030	9,99	0,01
100	99,99	0,41	99,99	0,23
500	500,01	12,59	499,99	4,45
1000	999,98	26,39	999,99	22,19

6.5.2 Optische Messung

Zusätzlich zu den taktilen Messungen mit dem AFM wird mit dem Laserinterferometer eine weitere kontaktlose Messmethode zur Detektion von optisch induzierten Materialschwingungen verwendet. Der Messaufbau und die Messparameter sind in Abschnitt 5.4 beschrieben. Anders als bei den taktilen Messungen, ist es mit dieser optischen Messmethode nicht möglich die Auslenkung y der Probenoberfläche direkt über den zeitlichen Verlauf in Form eines Weg-Zeit-Diagramms (y-t) darzustellen. Insbesondere bei Verwendung hoher Anregungsfrequenzen der LED (f_{pulse} > 500 Hz), bei denen die resultierenden Amplituden der Materialschwingungen unterhalb von $\Delta y = 100$ nm liegen, ist das Signal-Rausch-Verhältnis zu groß, sodass keine eindeutige Auswertung vorgenommen werden kann. Jedoch lässt sich die Auslenkung über die Geschwindigkeitsänderung detektieren und in Form eines Geschwindigkeits-Zeit-Diagramms (v-t) darstellen. Abbildung 6.36 zeigt exemplarisch das aufgenommene Signal für eine Kunststoffprobe bei einer Anregungsfrequenz durch die LED von $f_{pulse} = 100$ Hz. Aus der mittleren Zeitdifferenz zwischen zwei Maxima Δt_{mid} lässt sich analog zu den taktilen Messungen, die Schwingungsfrequenz der Probenoberfläche bestimmen. Bei einer Geschwindigkeit von $v = 0$ mm/s erfährt die Probenoberfläche die maximale Auslenkung. Zum Zeitpunkt der maximalen Geschwindigkeitsamplitude beträgt die Auslenkung $y = 0$ nm. Im Vergleich zu den taktilen AFM-Messungen ist zu erkennen, dass die Schwingungen keine gleichbleibende Amplitudenhöhe aufweisen. Zudem ist die Form der Schwingung nicht einheitlich. Dies lässt sich durch eine zu geringe maximale Auflösung der Messmethode erklären, sodass die Spitzen der Amplituden bei einigen Schwingungen nicht vollständig dargestellt werden können. Zudem ist die Messmethode – durch den für die Versuche verwendeten Aufbau – anfällig für das Störsignal, was zu weiteren Darstellungsfehlern führen kann. Für alle untersuchten Frequenzen sowie Materialien kann ähnlich der taktilen Messmethode festgestellt werden, dass die Schwingungsfrequenz der Proben im Rahmen der Messunsicherheit der der Anregungsfrequenz entspricht. Die maximalen Amplituden, die sich aus den Geschwindigkeiten bestimmen lassen, liegen in der gleichen Größenordnung wie die mit der taktilen Messmethode bestimmten Amplitudenhöhen. Allerdings ist aufgrund der unterschiedlichen Versuchsaufbauten nur ein indirekter Vergleich der Werte möglich.

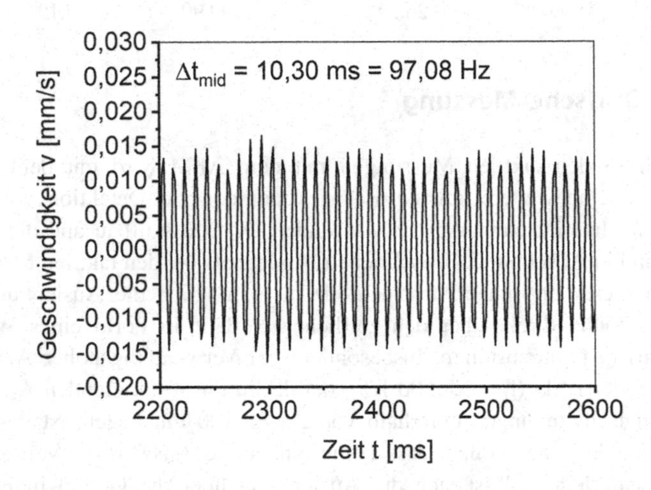

Abbildung 6.36 Geschwindigkeits-Zeit- (v-t) Diagramm einer Kunststoffprobe bei einer Anregungsfrequenz durch die LED von $f_{pulse} = 100$ Hz

Die Ergebnisse zeigen, dass die durch dynamische optische LED-Strahlung in die Oberfläche von Materialien induzierten Schwingungen mit präsentierten Messmethoden detektiert werden können. Die Messmethoden stellen einen ersten Ansatz zur Sichtbarmachung dieser photomechanischen Phänomene für die verwendeten beiden Materialien und Frequenzen der LED dar. Auf diesen Ergebnissen aufbauende Untersuchungen sowie weitere Verbesserungen an den Messmethoden sollten in späteren Arbeiten folgen. Es bleibt im Rahmen der durchgeführten Versuche offen, ob ein messbarer zeitlicher Versatz, also eine Phasenverschiebung zwischen der Anregungsfrequenz der LED (induzierte Lichtpulse) und den detektierten Schwingungen der Proben, vorhanden ist.

7 Zusammenfassung und Ausblick

In dieser Arbeit wird die Entwicklung des neuen Prüfverfahrens *Monitored Liquid Thermostatted Irradiation Setup* zur ganzheitlichen zeitgerafften optischen Alterung vorgestellt. Das apparative Prüfverfahren ermöglicht die tiefgreifende Untersuchung der Beständigkeit von PLA gegenüber blauer LED-Strahlung, um die Einsatzfähigkeit des Bio-Kunststoffs für optische Anwendungen in Beleuchtungssystemen zu evaluieren. Zusätzlich konnte die Beständigkeit des etablierten Kunststoffs für optische Anwendungen, PC, gegenüber blauer LED-Strahlung erstmalig bei Temperaturen in der Nähe der Raumtemperatur untersucht werden. Dadurch konnten neue Erkenntnisse zur Photodegradation von PC gewonnen werden. Darüber hinaus wurde der Einfluss von gepulster Bestrahlung bei unterschiedlichem Tastgrad, im Vergleich zur statischen optischen Belastung, auf das Alterungsverhalten von PC untersucht. Die Ergebnisse liefern neue Erkenntnisse, mit deren Hilfe die Lebensdauer von optischen Kunststoffkomponenten in Beleuchtungssystemen und damit der Gesamtsysteme verlängert werden könnten. Weiterhin ermöglichen neu entwickelte Messmethoden die Detektion von optisch induzierten mechanischen Schwingungen in Materialien. Die entwickelten Messmethoden bieten Ansätze zur Untersuchung photomechanischer Effekte und ermöglichen es, weitere Informationen über potenzielle Schädigungen optisch dynamisch belasteter Bauteile zu erhalten. Im Folgenden werden die Erkenntnisse strukturiert zusammengefasst und ein Ausblick für weitere Forschungsarbeiten gegeben.

M. Hemmerich, *Entwicklung und Validierung eines Prüfverfahrens zur Photodegradation von (Bio-)Kunststoffen unter statischer und dynamischer optischer Belastung*, Werkstofftechnische Berichte | Reports of Materials Science and Engineering, https://doi.org/10.1007/978-3-658-41831-1_7

Prüfverfahren

Da kein standardisierter und den Anforderungen der Arbeit entsprechender Messaufbau zur zeitgerafften Alterung durch optische Strahlung existierte, wurde der MLTIS entwickelt und validiert. Der MLTIS bietet eine Reihe von Vorteilen gegenüber den aus der Literatur bekannten Versuchsanordnungen zur zeitgerafften optischen Alterung. Durch eine aktive Wasserkühlung kann ein effizienter und langlebiger Betrieb der verwendeten blauen Hochleistungs-LED sichergestellt werden. Der MLTIS bietet darüber hinaus die Möglichkeit, Proben in einem weiten Temperaturbereich von 10–90 °C – bei Verwendung eines anderen Wärmeleitmediums (z. B. Öl) auch über diese Grenzen hinaus – erstmalig unabhängig von der eingebrachten Strahlungsleistung der LED zu altern. Durch die aktive Temperierung der doppelwandigen Reaktorkammer können Versuche in Abhängigkeit des Absorptionsverhaltens einer Probe auch bei niedrigen Temperaturen durchgeführt werden. Durch die Integration von Sensoren können alle relevanten Betriebsparameter, wie die Temperatur und die Bestrahlungsstärke, während des gesamten Versuchs überwacht und gespeichert werden, sodass die Nachvollziehbarkeit und Reproduzierbarkeit der Alterungsversuche gewährleistet wird. Alle relevanten optischen Parameter des Aufbaus wurden im Vorfeld ermittelt. Durch einen flexiblen und modularen Aufbau ist eine Untersuchung verschiedener Probengeometrien mit dem MLTIS möglich. Eine Änderung oder Erweiterung der Probenkammer ist problemlos möglich. Aus Gründen der Betriebssicherheit sind die einzelnen MLTIS-Reaktoren in strahlungssicheren Einhausungen platziert. Das Prüfverfahren wurde durch eine Versuchsreihe mit PC, zu dem zuverlässige Ergebnisse aus Alterungsversuchen bekannt sind (u. a. Yazdan Mehr et al. und Gandhi et al. [82,116]), validiert [164]. Zur Untersuchung der Auswirkungen von dynamischer optischer Belastung wurden Modulationselektroniken entwickelt, durch die bis zu sechs LEDs gleichzeitig, bis zu einer Frequenz von f = 100 kHz bei beliebigen DC, moduliert werden können. Zur Zusammenfassung zeigt Abbildung 7.1 eine Übersicht des Parameterraums, der durch den MLTIS abgedeckt wird.

Der variable Parameter der Frequenz ist durch unterschiedliche Farben codiert. Es ist zu erkennen, dass der Parameterraum des MLTIS den Großteil der aufgezeigten Anwendungsgebiete aus dem Bereich der Beleuchtungstechnik abdeckt. Aktuell können bis zu zwölf MLTIS-Reaktoren gleichzeitig und unabhängig voneinander betrieben werden. Um einen höheren Probendurchsatz zu ermöglichen, ist die Herstellung weiterer baugleicher Reaktoren geplant. Dies würde die parallele Alterung verschiedener Kunststoffe mit unterschiedlichen Alterungsparametern ermöglichen. Zudem sind doppelwandige Reaktoren mit einer

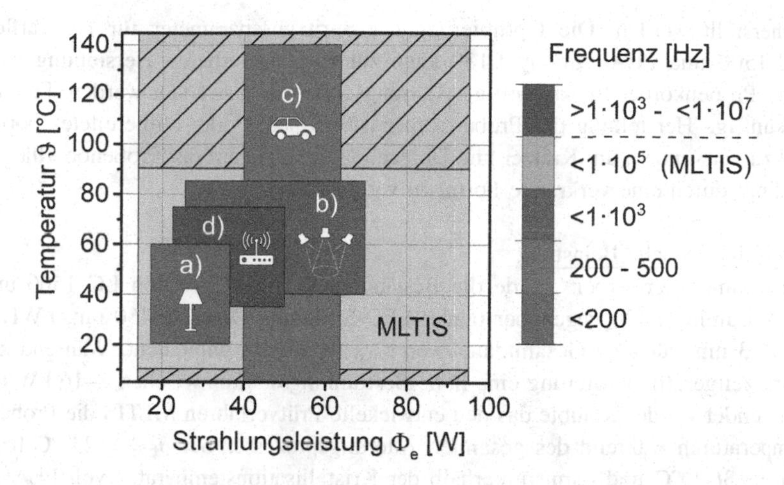

Abbildung 7.1 Zweidimensionale Skizzierung des Parameterraums des MLTIS mit eingezeichneten Anwendungsgebieten aus der Beleuchtungstechnik: a) Allgemeinbeleuchtung, b) Spezialbeleuchtung, c) Automotive-Bereich, d) Visible Light Communication (VLC). Die schraffierte Fläche visualisiert die mögliche Erweiterung des Temperaturbereichs durch die Verwendung eines anderen Wärmeleitmediums

geringeren Kammerhöhe angestrebt, um eine zusätzliche Erhöhung der Bestrahlungsstärke, ohne eine Erhöhung der Bestromung, zu ermöglichen. Um eine dokumentierte Notausschaltung der Thermostate und der LED zu ermöglichen, bedarf es einer Überarbeitung der Netzwerkintegration der Netzteile sowie der Umwälzthermostate, sodass diese bei Überschreitung gewisser Schwellwerte (festgelegter Grenzwert des Photodioden- oder Temperatursensors) automatisch abschalten. Als zusätzliche Sicherheitsfunktion könnten Wasserwächter auf den Arbeitsflächen verbaut werden, die bei Undichtigkeit der Wasserkreisläufe für einen kontrollierten Versuchsabbruch sorgen.

Polymerspritzguss

Der Spritzgussprozess der jeweiligen PC- und PLA-Probenkörper wurde auf eine hohe Transmission hin optimiert. Es konnte eine günstige Kombination der Aufschmelzzeit, Zylinder- und Formtemperatur sowie Vor- und Nachdruck ermittelt werden, die bei Verwendung des zur Verfügung stehenden Laborinstruments, eine möglichst hohe Transmission der Probenkörper im sichtbaren Wellenlängenbereich ermöglicht. Durch die Optimierung des Spritzgussprozesses konnte eine vergleichbare Transmission der Probenkörper zu Beginn jedes Alterungsversuchs sicherstellt werden. Die Optimierung der Spritzgussparameter für PC Tarflon LC 1500 und PLA Luminy L130 kann zur reproduzierbaren Herstellung weiterer Probenkörper für zukünftige Alterungsversuche verwendet werden. Für die zukünftige Herstellung der Probenkörper ist ein neues oder aufbereitetes Formteil zu verwenden, um Kratzer und Unregelmäßigkeiten auf der Probenoberfläche, bedingt durch eine verkratzte Form, zu vermeiden.

Statische optische Belastung

Im Rahmen der Arbeit wurde die Beständigkeit von PC Tarflon LC 1500 und PLA Luminy L130 gegenüber blauer LED-Strahlung ($\lambda_{max} = 450$ nm, FWHM $= 16.3$ nm) für eine Gesamtdauer von $t_{total} = 5000$ h untersucht. Während zur stark zeitgerafften Alterung eine hohe Bestrahlungsstärke zwischen 8–16 kW/m^2 verwendet wurde, erlaubte das neu entwickelte Prüfverfahren MLTIS die Probentemperaturen während des gesamten Alterungsprozesses bei $\vartheta_{65} = 23$ °C bzw. $\vartheta_{60} = 36{,}1$ °C und damit unterhalb der Kristallisationstemperatur von PLA zu halten, um unerwünschte Kristallisationseffekte zu vermeiden. Solche Alterungsbedingungen (hohe Bestrahlungsstärke bei gleichzeitig niedrigen Temperaturen) waren nach dem Kenntnisstand des Autors vor der Entwicklung des MLTIS nicht zugänglich. Zur Analyse der Proben im Verlauf der Alterung wurden spektroskopische, chromatographische und mechanische Methoden verwendet. Die PLA-Proben aus beiden Versuchsgruppen zeigten eine geringfügige Abnahme der optischen Dichte im kurzwelligen Bereich von bis zu $\Delta OD_{rel,360,PLA60} = 4{,}9$ % bei $\lambda = 360$ nm. Dieses Ausbleichen bzw. die Aufhellung der PLA-Proben könnte auf die strahlungsinduzierte Zersetzung eingebauter UV-absorbierender Zusätze oder anderer Additive zurückzuführen sein. Bei der FTIR-Analyse der Proben waren keine eindeutigen Veränderungen in den Spektren festzustellen. Insbesondere war keine Bildung von Anhydriden zu beobachten, die typischerweise auf oxidative Prozesse hinweisen [102]. In Übereinstimmung mit diesen Ergebnissen konnte ebenfalls keine Abnahme der gewichtsgemittelten molaren Masse durch die GPC festgestellt werden. Ebenfalls gab es keine Hinweise auf eine Oberflächenkristallisation in den IR-Spektren der Proben. Im Gegensatz zu PLA zeigte PC bereits nach 96 Tagen einen deutlichen Anstieg der optischen Dichte im Bereich von 290–400 nm. Die näher an der LED bestrahlten Proben zeigten schließlich einen relativen Anstieg der optischen Dichte bei $\lambda = 360$ nm von $\Delta OD_{rel,360,PC60} = 17{,}0$ %. Mit zunehmender Alterungszeit zeigten die Proben einen zunehmend stärkeren Anstieg der Absorption auch bei längeren Wellenlängen. Die erhöhte Absorption in diesem Bereich erzeugt schließlich eine verstärkte Vergilbung, was wiederum zu einer stärkeren Absorption führt, wodurch ein sich selbstverstärkender Prozess in Gang gesetzt wird, der letztlich zum Versagen des

Materials führen wird. Es war erstmalig möglich die Photodegradation von PC bei diesen geringen Probentemperaturen von $\vartheta < 36$ °C zu untersuchen, sodass photochemische Degradationseffekte getrennt von thermisch induzierten Belastungen analysiert werden konnten. Die Ergebnisse stimmen qualitativ mit Ergebnissen von vergleichbaren Alterungsversuchen unter blauer LED-Strahlung bei höheren Temperaturbelastungen überein [112,113,116], wobei die Temperatur ein zusätzlich verstärkender Faktor für die Alterung ist. Aufgrund der selbstverstärkenden Effekte, die sich im weiteren Verlauf der künstlichen Alterung – aber auch in konkreten Anwendungsfällen – ergeben würden, ist im Speziellen die Abnahme der Transmission auch unter milden Temperaturbedingungen eine interessante Erkenntnis, die hoch relevant für die Lebensdauervorhersage von Beleuchtungssystemen sein kann. Die Analyse der FTIR-Spektren der PC-Proben zeigten Absorptionsbanden die auf Photooxidation und PFU hinweisen, wobei im Gegensatz zur Alterung unter UV-Strahlung [97] die Photooxidation der dominante Degradationsmechanismus ist. Die GPC-Messungen zeigten eine Abnahme der gewichtsgemittelten molaren Masse im Laufe der Alterung. Diese Abnahme kann durch photooxidative Kettenspaltung erklärt werden und ergänzt somit die zuvor beschriebenen Beobachtungen auf Basis der anderen Analysemethoden [138]. Die Ergebnisse der Ultra-Mikro-Härteprüfungen an PC und PLA deuten auf eine Versprödung der bestrahlten äußeren Oberflächenschichten der Proben hin, da die charakteristischen Werte (HM und E_{IT}) der gealterten Proben im Vergleich zu den Proben im Ausgangszustand erhöht sind. Diese Ergebnisse waren bei den PLA-Proben stärker ausgeprägt. Die Versprödung der Oberfläche von PLA kann durch eine physikalische Alterung begründet sein [203]. Eine zusammenfassende Darstellung der Analyseergebnisse für die beiden Kunststoffe ist in Tabelle 7.1 zu finden.

Insgesamt zeigte sich PLA auch nach sehr langer und intensiver Bestrahlung weitestgehend resistent gegenüber blauer LED-Strahlung. Die Tendenz zur zunehmenden Versprödung könnte für den Einsatz als Kunststoff für optische Anwendungen entscheidend sein und sollte in weiteren Versuchen adressiert werden. Der aktuell limitierende Faktor zu Verwendung von PLA in Beleuchtungsanwendungen mit erhöhten Anforderungen ist die geringe obere Temperaturgrenze von $\vartheta_{cryst} \sim 55$ °C, ab der PLA kristallisiert [196]. Die Kristallisation bewirkt eine Eintrübung, die PLA als Material für optische Komponenten unbrauchbar werden lässt. Daher ist die Verwendung von PLA für optische Komponenten derzeit auf Beleuchtungsanwendungen beschränkt, bei denen sichergestellt werden kann, dass die optischen Kunststoffkomponenten nur niedrigen Temperaturen ausgesetzt sind (z. B. durch einen ausreichend großen Abstand zur LED, geringen Lichtstrom oder aktive Kühlung), wie z. B. Tischleuchten oder dekorative Beleuchtung.

Tabelle 7.1 Zusammenfassung der Analyseergebnisse der PC- und PLA-Proben aus den Alterungsversuchen unter statischer optischer Belastung

Analysemethode	PC	PLA
UV/vis-Spektroskopie	Vergilbung (Zunahme der OD bei $\lambda = 360$ nm)	Aufhellung (Abnahme der OD bei $\lambda = 360$ nm)
FTIR-Spektroskopie	Ausprägung der für PFU und Oxidation typischen Banden	Keine signifikanten Veränderungen
GPC	Abnahme von M_W; Hinweise auf Kettenspaltung	Keine Abnahme von M_W
Ultra-Mikro-Härteprüfung	Leichte Erhöhung von HM und E_{IT}	Stärkere Erhöhung von HM und E_{IT}; Hinweis auf Versprödung

Zur Demonstration einer solchen Einsatzmöglichkeit zeigt Abbildung 7.2a eine an der Hochschule Hamm-Lippstadt im Spritzgussverfahren hergestellten Linse aus PLA. Im Rahmen eines Förderprojekts wurde diese Linse als Primäroptik (Abbildung 7.2b) einer Tischleuchte (Abbildung 7.2c) verwendet, die aus nachhaltigen Materialien gefertigt wurde.

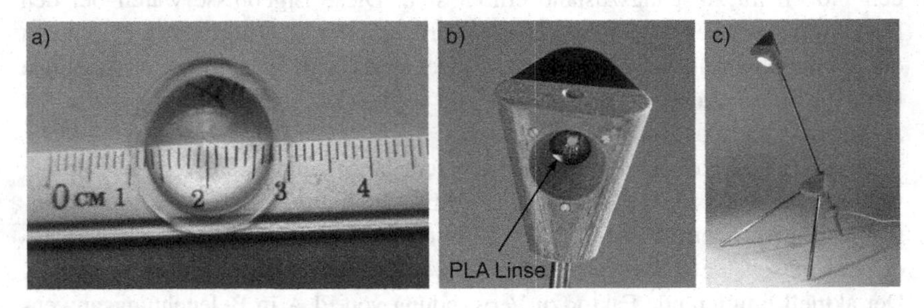

Abbildung 7.2 Einsatzmöglichkeit von PLA Luminy L130 als Kunststoff für optische Anwendungen: a) Linse aus PLA hergestellt im Spritzgussverfahren. b) Verbaute Linse im Leuchtenkopf. c) Nachhaltige Leuchte. In Anlehnung an [196]

Die zukünftige Herausforderung besteht darin, die Kristallisationstemperatur von PLA zu erhöhen oder die Kristallisation in geeigneter Weise zu beeinflussen, so dass eine Eintrübung vermieden wird. Zudem sollte die in den Versuchen beobachtete beginnende Versprödung durch weitere Untersuchungen wie DSC oder Röntgenbeugung in Kombination mit Versuchen zur optischen Alterung untersucht werden.

Die gewonnenen Erkenntnisse bezüglich des Alterungsverhaltens von PLA gegenüber optischer LED-Strahlung liefern einen ersten wichtigen Beitrag, um PLA und dessen Einsatzbedingungen weiter zu optimieren, sodass es für vielfältige Einsatzgebiete aus dem Bereich der Beleuchtungstechnik zugänglich gemacht werden kann. Dadurch wäre es möglich etablierten Kunststoffe für optische Anwendungen auf Rohölbasis zu ersetzen. Durch die Herstellung aus nachwachsenden Rohstoffen und die Möglichkeit zur biologischen Abbaubarkeit von PLA kann somit ein wichtiger Beitrag zur Reduzierung von Treibhausgasen und zur Verringerung von Umweltverschmutzung durch nicht abbaubare Plastikprodukte geleistet werden. Die hervorragende Beständigkeit von PLA gegenüber LED-Strahlung kann zusätzlich zu einer erhöhten Lebensdauer des gesamten Beleuchtungssystems beitragen. In der Gesamtheit der Eigenschaften könnte PLA die Entwicklung hin zu einer nachhaltigen Kreislaufwirtschaft im Bereich der Beleuchtungstechnik unterstützen.

Dynamische optische Belastung

Der durchgeführte Alterungsversuch bei dynamischer Belastung ergab aufschlussreiche Ergebnisse zur Beständigkeit von PC Tarflon LC 1500 gegenüber einer gepulsten Bestrahlung mit unterschiedlichen Tastgraden. Durch eine präzise Angleichung der Strahlungsenergie, ermöglicht durch die Sensoren des MLTIS und die entwickelte Modulationselektronik, konnten die Auswirkungen der Betriebsmodi der LED (CW und 50 %-, bzw. 25 %-DC bei f = 500 Hz) auf die Alterungseffekte verglichen werden. Zur Analyse der optischen Eigenschaften der Proben wurden zerstörungsfreie Methoden wie UV/vis-, FTIR-Spektroskopie und optische Mikroskopie eingesetzt. Darüber hinaus wurden die Oberflächentemperaturen der Proben im Reaktor mit einer IR-Kamera, einem Thermoelement und einem nicht-bildgebenden Hand-Infrarotthermometer unabhängig voneinander gemessen. Zusammenfassend lässt sich feststellen, dass die getesteten PC-Proben bei dem CW-Betrieb der LED signifikant stärkere Alterungserscheinungen im Vergleich zum gepulsten Betrieb der LED zeigten, wobei die mit einem Tastgrad von 25 % bestrahlten Proben die geringsten Alterungserscheinungen aufwiesen (Abnahme der Transmission bei λ = 360 nm, Abnahme der molaren Masse, Ausprägung neuer IR-Absorptionsbanden, die mit Photodegradation assoziiert sind). Insbesondere ist die unterschiedlich starke Abnahme der Transmission für den Anwendungsfall von besonderer Relevanz. Die Ergebnisse können als ein erster Hinweis darauf gewertet werden, dass die Lebensdauer optischer Kunststoffkomponenten in Beleuchtungsanwendungen durch eine PWM-Ansteuerung der LEDs optimiert werden können. Diese Ergebnisse sind besonders interessant, da die geringste Strahlungsenergie bei der CW-LED gemessen wurde, während diese Proben die stärksten Alterungseffekte aufwiesen. Dies unterstützt die Aussage, dass das unterschiedliche Alterungsverhalten eine Folge der Betriebsart der LED zu sein scheint. Die unterschiedlich starke Alterung konnte auf unterschiedlich hohe Temperaturen der Proben zurückgeführt werden, die sich im Verlauf der Alterung einstellten. Die CW-bestrahlten Proben wiesen die höchste durchschnittliche Temperatur auf, wobei bei einem Tastgrad von 25 % die geringste durchschnittliche Probentemperatur gemessen wurde.

Generell ist die PWM eine weit verbreitete Methode um kostengünstige und einfache LEDs bei gleichzeitiger hoher Lichtqualität zu dimmen [76,210]. Daher könnte eine Reduzierung des Tastgrads eine Möglichkeit sein, die Lebensdauer optischer Kunststoffkomponenten zu erhöhen, die in Verbindung mit PWM-LEDs verwendet werden. Dies ist von besonderer Bedeutung für Beleuchtungssysteme, bei denen durch den Einsatz von Hochleistungs-LEDs eine sehr hohe Bestrahlungsstärke erzeugt wird. Die als geringer wahrgenommene Helligkeit, die aus einer Reduzierung des Tastgrads resultiert, wäre durch eine entsprechende Erhöhung des Betriebsstroms (höhere Strahlungsleistung pro Puls) zu kompensieren. Die Ergebnisse dieses Versuchs können zudem zum allgemeinen Verständnis des Alterungsverhaltens von optischen Kunststoffkomponenten, wie sie in vielen Beleuchtungsanwendungen eingesetzt werden, beitragen. Zudem zeigen die Ergebnisse eine Möglichkeit zur Optimierung der Lebensdauer solcher optischer Kunststoffkomponenten für Beleuchtungsanwendungen auf. Eine längerer Einsatzdauer der optischen Kunststoffkomponenten stellt einen wichtigen Ansatz dar, um die Nachhaltigkeit von Beleuchtungssystemen zu erhöhen.

Weitere Untersuchungen unter ähnlichen Testbedingungen sind erforderlich, um die zugrunde liegenden Mechanismen vollständig zu verstehen. Weiterhin ist von besonderer Wichtigkeit, dass die Strahlungsenergie der LEDs in den verschiedenen Ansteuerungsmodi so genau wie möglich aufeinander abgestimmt werden, um eine bestmögliche Vergleichbarkeit zu gewährleisten. Zu diesem Zweck ist es entscheidend weitere mögliche Fehlerquellen bei der Angleichung der Strahlungsenergie zu minimieren. Die Positionierung der Photodioden in den einzelnen Abdeckungen der MLTIS-Reaktoren ist zu optimieren, sodass eine ungewollte Positionsveränderung ausgeschlossen werden kann, die zu Messungen der Strahlungsleistungen an unterschiedlichen Positionen in den Reaktoren führen würden. Die Entwicklung der Probentemperaturen im Verlauf der Alterung lassen sich durch den skizzierten Temperaturverlauf beschreiben. Zur Verifizierung dieses theoretischen Temperaturverlaufs im Anfangsstadium des Versuchs wären weitere Messungen erforderlich. Es ist jedoch nicht trivial, die Temperaturen in dieser

Phase in situ zuverlässig zu messen. Dazu müssten die Reaktoren so modifiziert werden, dass die Probentemperatur beispielsweise pyrometrisch durch eine Öffnung in der Abdeckung der MLTIS-Reaktoren gemessen werden könnte. Es ist fraglich, ob der mögliche Erkenntnisgewinn diesen Aufwand rechtfertigt. Es wäre jedoch denkbar, anspruchsvollere Simulationen der Temperatur durchzuführen, um die Hypothese weiter zu prüfen. Zusätzlich sollten ähnliche Versuche an weiteren Kunststoffen durchgeführt werden, um die am Beispiel von PC gewonnenen Erkenntnisse zu bestätigen.

Optisch induzierte dynamische Belastungen

Um ein tieferes Verständnis der Auswirkung von gepulster LED-Strahlung auf Materialien in einem breiten Frequenzbereich zu erlangen, wurden zwei Messmethoden basierend auf einem AFM und einem Laserinterferometer entwickelt, um optisch induzierte mechanische Schwingungen detektieren zu können. Induziert wurde die optische Belastung ebenfalls durch eine in dem MLTIS verwendete blaue Hochleistungs-LED in Kombination mit der entwickelten Modulationselektronik. Durch geeignete Messaufbauten und die Auswahl geeigneter Messparameter konnten die durch die moduliert betriebene LED in das Material induzierten Oberflächenschwingungen mit beiden Messmethoden zufriedenstellend detektiert werden. In dieser Arbeit wurde zunächst die grundsätzliche Möglichkeit der Detektion und die grundlegenden Unterschiede der induzierten Oberflächenschwingungen an zwei Materialien getestet. Neben einer Probenplatte aus Kunststoff wurde eine Aluminiumprobe gleicher Abmessung untersucht. Bei ersten Messungen mit beiden Materialien und beiden Messmethoden konnte festgestellt werden, dass die eingestellte Modulationsfrequenz der LED (Anregungsfrequenz) auf das Material übertragen wird, sodass sich Oberflächenschwingungen des Materials mit annähernd gleicher Frequenz einstellen. Zudem zeigte sich, dass die Bestrahlungsstärke (eingestellt durch die Stromstärke oder durch Verringerung des Abstandes der LED zur Probe) in einer höheren Schwingungsamplitude des Materials resultiert. Ein Vergleich der Amplitudenhöhen beider Materialien ergab, dass die Kunststoffprobe im Vergleich zur Aluminiumprobe deutlich stärkere Reaktionen auf die Bestrahlung zeigt. Die Messmethodik basierend auf dem AFM konnte insbesondere kleinere Schwingungen im Bereich von 10–100 nm besser detektieren als die Messmethodik basierend auf dem Laserinterferometer. Bei der auf dem Laserinterferometer basierenden Methode konnte aufgrund eines teilweise zu hohen Signal-Rausch-Verhältnisses die Höhe der Schwingungsamplituden nicht direkt bestimmt werden.

Die präsentierten Methoden wurden unter dem Kennzeichen 10 2022 000 865.3 beim Deutschen Patent- und Markenamt zum Patent angemeldet. In Zukunft ist eine kommerzielle Nutzung als Prüfmethode bzw. als Prüfvorrichtung vorstellbar. Neben einer taktilen und optischen Messmethode wäre die Detektion der Materialschwingungen auch durch akustische Messinstrumente vorstellbar. Dadurch wären – bei geeigneter Anordnung der Probe und der Messinstrumente – auch Prüfungen unabhängig von der Probengeometrie vorstellbar. Generell sind mit den Methoden Materialprüfungen in einem breiten Anwendungsfeld möglich. Im Bereich der Beleuchtungstechnik könnten die Methoden neben der Prüfung von optischen Komponenten aus der Allgemeinbeleuchtung auch zur Prüfung von optischen Komponenten aus dem Automotive-Bereich oder aus Lasersystemen verwendet werden, da diese Komponenten durch systemimmanente Bedingungen oder durch photomechanische Effekte (ausgelöst durch die LED/Laser Bestrahlung) einer Kombination aus starker optischer sowie mechanischer Belastung ausgesetzt sind. Ein weiteres Anwendungsgebiet könnte die allgemeine kontaktlose dynamische Werkstoffprüfung sein. Durch eine optisch induzierte Anregung des Materials können kleinste Betriebsschwingungen simuliert werden. So können die Methoden im Speziellen durch Induktion hochfrequenter Schwingungen im Nano- bis Mikrometerbereich zur Prüfung sehr dünner Bauteile z. B. akustisch beanspruchter Membranen in Lautsprechern oder flexibler Bauteile aus Elastomeren genutzt werden. Dies entspräche einer konträren Herangehensweise zur klassischen mechanischen Ermüdungsprüfung, bei der sehr hohe Beanspruchungsamplituden bei vergleichsweise geringen Frequenzen verwendet werden. Aufgrund der verfügbaren hohen Prüffrequenzen kann eine solche Prüfmethode zudem einen zeitlichen Vorteil gegenüber konventionellen Prüfverfahren haben. Des Weiteren könnten optisch induzierte Ermüdungsprüfungen durchgeführt werden, bei denen keine besondere Einspannung der Probe notwendig ist. Durch Verwendung einer geeigneten Konstruktion wäre es weiterhin vorstellbar, ein kompaktes und portables Gerät, das nach einer optischen oder akustischen Messmethode arbeitet, zu entwickeln, um mobile Prüfungen an Bauteilen oder Werkstücken vornehmen zu können. Dadurch wäre eine (kontaktlose) Prüfung der Proben am Einsatzort theoretisch möglich. Ein vorstellbares Anwendungsgebiet ist die Zustandsüberwachung von schwingbeanspruchten Bauteilen wie z. B. Brücken. Die präsentierten Messmethoden stellen jedoch zunächst einen Machbarkeitsversuch dar, der zeigt, dass optische induzierte (dynamische-) mechanische Belastungen mit optischen und taktilen Methoden detektierbar sind. Basierend auf diesen Methoden können weitere Prüfverfahren entwickelt werden. Es sind daher weitere Arbeiten notwendig, um die Zusammenhänge zwischen der Anregung und der Materialantwort genauer zu ermitteln. Zukünftig gilt es u. a. zeitliche und räumliche Aspekte der induzierten Materialschwingungen in weiteren Arbeiten zu untersuchen. So besteht eine interessante Fragestellung darin, ob es einen messbaren zeitlichen Versatz (Phasenverschiebung) zwischen den LED-Pulsen und den Schwingungen der Probenoberfläche gibt. Zudem ist der Einfluss eines unterschiedlichen Tastgrads der Anregungsfrequenz auf die Materialantwort von Interesse. Darüber hinaus sind weitere Materialien in vergleichenden Versuchen zu prüfen. Ein besseres Verständnis der photomechanischen Auswirkungen auf Materialien kann dabei helfen, die Lebensdauer dynamisch belasteter Bauteile zukünftig zu optimieren.

zu untersuchen. Schließlich ist interessant, die Fragestellung, darauf einen [illegible] Verbund (Heterostruktur) zwischen den LED-Bauteilen und der Beschichtung der Platine [illegible]. Zudem ist der Einfluss eines unterschiedlichen [illegible] der Anregung [illegible] auf die Materialien von Interesse. Darüber hinaus sind weitere Materialien [illegible] zu vergleichen [illegible] Verständnis des [illegible] [illegible] [illegible]

Studentische Arbeiten

Im Themenbereich der vorliegenden Dissertation wurden vom Autor folgende studentische Arbeiten betreut:

- Hansen, N.: Konzeption und Realisierung der Temperierung von Lichtquellen und Probenkammern für einen Photodegradationsprüfstand. Bachelorarbeit, Hochschule Hamm-Lippstadt (2018).
- Kroll, L. M.: Konzeptionierung einer strahlungssicheren Einhausung für einen Photodegradationsstand. Projektarbeit, Hochschule Hamm-Lippstadt (2018).
- Preutenborbeck, M.: Ermittlung von Oberflächentemperaturen in einem Photoreaktor für die Alterung von Polymeren. Projektarbeit, Hochschule Hamm-Lippstadt (2019).
- Bergmann, S.: Konstruktion, thermische Auslegung und Bewertung einer Einhausung zur Abschirmung optischer Strahlung für die Inbetriebnahme eines Photoalterungsprüfstandes. Bachelorarbeit, Hochschule Hamm-Lippstadt (2019).
- Hadamik, C.: Experimente zur Bestimmung von Peroxiden an photochemisch gealterten Kunststoffproben. Bachelorarbeit, Hochschule Hamm-Lippstadt (2019).
- Braun, L.: Entwicklung eines Verfahrens für die Größenausschlusschromatografie von Polylactid unter Verwendung nichthalogenierter Lösungsmittel. Bachelorarbeit, Hochschule Hamm-Lippstadt (2019).
- Heinrichsmeier, P.: Konzept für die modulare Ansteuerung von LEDs für Photodegradationsreaktoren sowie automatisierte Erfassung der Betriebsparameter und Messdaten. Bachelorarbeit, Hochschule Hamm-Lippstadt (2019).

M. Hemmerich, *Entwicklung und Validierung eines Prüfverfahrens zur Photodegradation von (Bio-)Kunststoffen unter statischer und dynamischer optischer Belastung*, Werkstofftechnische Berichte | Reports of Materials Science and Engineering, https://doi.org/10.1007/978-3-658-41831-1

- Eudenbach, R.: Analyse von Abbaumechanismen bei der Photodegradation von Polycarbonat mit Hilfe thermoanalytischer (DSC) und spektroskopischer (EPR, UV-vis, IR) Verfahren. Bachelorarbeit, Hochschule Hamm-Lippstadt (2020).
- Brölemann, L.: Entwicklung eines pulsgesteuerten Lichtbestrahlungsmoduls für den Daueralterungstest von Kunststoffproben. Projektarbeit, Hochschule Hamm-Lippstadt (2020).
- Eudenbach, R.: Vergleich der Alterung von Cottonid durch optische Strahlung, Sonnenstrahlung und thermischer Energie. Projektarbeit, Hochschule Hamm-Lippstadt (2020).
- Brölemann, L.: Anwendung und Überwachung eines pulsgesteuerten Bestrahlungsmoduls für Daueralterungstests von Kunststoffen. Bachelorarbeit, Hochschule Hamm-Lippstadt (2021).
- Blecke, L.: Untersuchung zum Alterungsverhalten von Polymeren unter dem Einfluss optischer Strahlung mittels Kernspin- und paramagnetischer Elektronenresonanzspektroskopie anhand einer Literaturstudie. Bachelorarbeit, Hochschule Hamm-Lippstadt (2021).
- Wude, D.: Erstellung einer GUI zur parallelen Steuerung mehrerer programmierbaren Netzteile von TDK-Lambda. Projektarbeit, Hochschule Hamm-Lippstadt (2021).
- Klein, D.: Untersuchung des Einflusses der Pulsweitenmodulation von blauem LED-Licht auf die Photodegradation von Polycarbonat. Bachelorarbeit, Hochschule Hamm-Lippstadt (2021).
- Wude, D.: Steuerung mehrerer programmierbarer Netzteile vom Typ TDK-Lambda für Photodegradationsprüfstände mit Hilfe einer Matlab GUI. Praxissemester, Hochschule Hamm-Lippstadt (2022).
- Schnippering, S.: Untersuchung des Streuverhaltens von Oberflächen spritzgegossener Polycarbonatproben bei Photodegradationsexperimenten mit LED-Strahlung im blauen Spektralbereich. Bachelorarbeit, Hochschule Hamm-Lippstadt (2022).

Publikationen

Im Themenbereich der vorliegenden Dissertation wurden vom Autor folgende Publikationen vorveröffentlicht:

- Hemmerich, M.; Scholz, R.; Saha, S.; Walther, F.; Meyer, J.: Polylactid – ein geeigneter Biokunststoff für optische Anwendungen? – Versuchsaufbau zur zeitgerafften optischen und thermischen Alterung. Sonderpublikation chrom+food FORUM 2019 (2019), Hrsg.: M. Dellert-Ritter, 43–45.
- Hemmerich, M.; Meyer, J.; Walther, F.: Advanced test setup for accelerated aging of plastics by visible LED radiation. Materials 13 (19), 4261 (2020) 1–16.
- Hemmerich, M.; Meyer, J.; Walther, F.: Evaluierung des erneuerbaren Biokunststoffs Polylactid für optische Elemente in Beleuchtungssystemen. Werkstoffprüfung 2020 – Werkstoffe und Bauteile auf dem Prüfstand (2020), Hrsg.: J. B. Langer und M. Wächter, 237–242.
- Hemmerich, M.; Saha, S.; Latein, C.; Meyer, J.; Walther, F.: Manufacture and evaluation of transparent optical components for luminaires made from the bio-plastic polylactide. LICHT2021 Tagungsband (2021), Hrsg.: Deutsche Lichttechnische Gesellschaft e. V., 634–647.
- Hemmerich, M.; Scholz, R.; Meyer, J.; Walther, F.: Photostability of polylactide with respect to blue LED radiation at very high irradiance and ambient temperature. Materials Today Communications 31, 103307 (2022) 1–8.
- Hemmerich, M.; Klein, D. A.; Meyer, J.; Walther, F.: Durability of the optical plastic polycarbonate under modulated blue LED irradiation at different duty cycles. Optical Materials 131, 112713 (2022) 1–10.

Literaturverzeichnis

1. World Economic Forum, Ellen MacArthur Foundation and McKinsey & Company (2016): The new plastics economy – rethinking the future of plastics. Online verfügbar unter http://www.ellenmacarthurfoundation.org/publications, zuletzt geprüft am 01.09.2022.
2. Patil, A.; Patel, A.; Purohit, R.: An overview of polymeric materials for automotive applications. Materials Today: Proceedings 4 (2) (2017), 3807–3815. https://doi.org/10.1016/j.matpr.2017.02.278.
3. Andrady, A. L.; Neal, M. A.: Applications and societal benefits of plastics. Philosophical transactions of the Royal Society of London. Series B, Biological sciences 364 (1526) (2009), 1977–1984. https://doi.org/10.1098/rstb.2008.0304.
4. Hopewell, J.; Dvorak, R.; Kosior, E.: Plastics recycling: Challenges and opportunities. Philosophical transactions of the Royal Society of London. Series B, Biological sciences 364 (1526) (2009), 2115–2126. https://doi.org/10.1098/rstb.2008.0311.
5. Cornwall, W.: The plastic eaters. Science 373 (6550) (2021), 36–39. https://doi.org/10.1126/science.373.6550.36.
6. Jahnke, A.; Arp, H. P. H.; Escher, B. I.; Gewert, B.; Gorokhova, E.; Kühnel, D. et al.: Reducing uncertainty and confronting ignorance about the possible impacts of weathering plastic in the marine environment. Environ. Sci. Technol. Lett. 4 (3) (2017), 85–90. https://doi.org/10.1021/acs.estlett.7b00008.
7. Rheinberger, T.; Wolfs, J.; Paneth, A.; Gojzewski, H.; Paneth, P.; Wurm, F. R.: RNA-inspired and accelerated degradation of polylactide in seawater. Journal of the American Chemical Society 143 (40) (2021), 16673–16681. https://doi.org/10.1021/jacs.1c07508.
8. Stubbins, A.; Law, K. L.; Muñoz, S. E.; Bianchi, T. S.; Zhu, L.: Plastics in the earth system. Science 373 (6550) (2021), 51–55. https://doi.org/10.1126/science.abb0354.

M. Hemmerich, *Entwicklung und Validierung eines Prüfverfahrens zur Photodegradation von (Bio-)Kunststoffen unter statischer und dynamischer optischer Belastung*, Werkstofftechnische Berichte | Reports of Materials Science and Engineering, https://doi.org/10.1007/978-3-658-41831-1

9. Jambeck, J. R.; Geyer, R.; Wilcox, C.; Siegler, T. R.; Perryman, M.; Andrady, A. et al.: Marine pollution. Plastic waste inputs from land into the ocean. Science (New York, N.Y.) 347 (6223) (2015), 768–771. https://doi.org/10.1126/science.1260352.
10. The Pew Charitable Trusts (2020): Breaking the plastic wave – A comprehensive assessment of pathways towards stopping ocean plastic pollution. Online verfügbar unter https://www.pewtrusts.org/-/media/assets/2020/07/breakingtheplasticwave_report.pdf, zuletzt geprüft am 01.09.2022.
11. Lau, W. W. Y.; Shiran, Y.; Bailey, R. M.; Cook, E.; Stuchtey, M. R.; Koskella, J. et al.: Evaluating scenarios toward zero plastic pollution. Science 369 (6510) (2020), 1455–1461. https://doi.org/10.1126/science.aba9475.
12. Organisation für wirtschaftliche Zusammenarbeit und Entwicklung (OECD): Global plastics outlook – Economic drivers, environmental impacts and policy options. OECD Publishing, Paris (2022). https://doi.org/10.1787/de747aef-en.
13. European Environment Agency (EEA) (2019): Packaging waste by waste management operations and waste flow (ENV_WASPAC) – Plastic packaging recycling and recovery, EU-28. Eurostat. Online verfügbar unter https://www.eea.europa.eu/data-and-maps/daviz/plastic-packaging-recycling-and-recovery#tab-chart_1, zuletzt geprüft am 01.09.2022.
14. European Environment Agency (EEA) (2019): Packaging waste by waste management operations and waste flow (ENV_WASPAC) – The plastic waste trade in the circular economy. Eurostat. Online verfügbar unter https://www.eea.europa.eu/downloads/7b3f20f1f3ee44cc95df90a8ba47a9ae/1615301048/the-plastic-waste-trade-in.pdf, zuletzt geprüft am 01.09.2022.
15. United States Environmental Protection Agency (EPA) (2018): National overview: Facts and figures on materials, wastes and recycling – Plastics: Material-specific data. Online verfügbar unter https://www.epa.gov/facts-and-figures-about-materials-waste-and-recycling/national-overview-facts-and-figures-materials, zuletzt geprüft am 01.09.2022.
16. Ellen MacArthur Foundation, McKinsey Center for Business and Environment (2015): Growth within: A circular economy vision for a competitive Europe. Online verfügbar unter https://emf.thirdlight.com/link/8izw1qhml4ga-404tsz/@/preview/1?o, zuletzt geprüft am 01.09.2022.
17. European Commission (2020): A new circular economy action plan – for a cleaner and more competitive Europe. Online verfügbar unter https://eur-lex.europa.eu/legal-content/EN/TXT/PDF/?uri=CELEX:52020DC0098&from=EN, zuletzt geprüft am 01.09.2022.
18. Institute for Bioplastics and Biocomposites (IfBB) (2021): Biopolymers – facts and statistics – Production capacities, processing routes, feedstock, land and water use. Online verfügbar unter https://www.ifbb-hannover.de/files/IfBB/downloads/faltblaetter_broschueren/f+s/Biopolymers-Facts-Statistics-einseitig-2021.pdf, zuletzt geprüft am 01.09.2022.
19. European Bioplastics (2021): Bioplastics – facts and figures. Online verfügbar unter https://docs.european-bioplastics.org/publications/EUBP_Facts_and_figures.pdf, zuletzt geprüft am 01.09.2022.

20. European Bioplastics (2020): Bio-based plastics in the automotive market – Clear benefits and strong performance – Overview of materials and market development. Online verfügbar unter https://docs.european-bioplastics.org/publications/fs/EuBP_FS_Automotive.pdf, zuletzt geprüft am 01.09.2022.
21. Wurster, S.; Ladu, L.: Bio-based products in the automotive industry: The need for ecolabels, standards, and regulations. Sustainability 12 (4) (2020), 1623. https://doi.org/10.3390/su12041623.
22. Köhn, J.: Entwicklung eines thermisch stabilen und flexiblen Polymers auf Basis von PLA für medizinische Anwendungen. Dissertation, Technische Universität Berlin (2015).
23. Brecher, C.; Baum, C.; Meiers, B.; Simone, D. de; Krappig, R.: Kunststoffkomponenten für LED-Beleuchtungsanwendungen – Werkzeugtechnik, Replikation und Metrologie. 1. Aufl. Springer Fachmedien Wiesbaden Wiesbaden, ISBN 3658122498 (2016).
24. Fraunhofer-Institut für Lasertechnik (ILT) (2014): Freiformoptik-Design. Online verfügbar unter https://www.ilt.fraunhofer.de/content/dam/ilt/de/documents/themenbroschueren/tb-freiformoptik-design.pdf, zuletzt aktualisiert am 20.09.2022.
25. Begum, S. A.; Rane, A. V.; Kanny, K.: Applications of compatibilized polymer blends in automobile industry. Compatibilization of Polymer Blends (2020), 563–593. https://doi.org/10.1016/B978-0-12-816006-0.00020-7.
26. Štrumberger N, Gospočić A, Bartulić Č: Polymeric materials in automobiles. Promet – Traffic & Transportation 17 (3) (2005), 140–160.
27. Bäumer, S.: Handbook of Plastic Optics. John Wiley & Sons, Hoboken, N.J, ISBN 978-3-527-63545-0 (2011).
28. Elsner, P.; Eyerer, P.; Hirth, T.: Dominghaus – Kunststoffe: Eigenschaften und Anwendungen. 8., bearb. Aufl. Springer Berlin, Heidelberg, ISBN 978-3-642-16172-8 (2013).
29. Schnell, H.: Polycarbonate, eine Gruppe neuartiger thermoplastischer Kunststoffe. Herstellung und Eigenschaften aromatischer Polyester der Kohlensäure. Angewandte Chemie 68 (20) (1956), 633.
30. Redjala, S.; Aït Hocine, N.; Ferhoum, R.; Gratton, M.; Poirot, N.; Azem, S.: UV aging effects on polycarbonate properties. J Fail. Anal. and Preven. 20 (6) (2020), 1907–1916. https://doi.org/10.1007/s11668-020-01002-9.
31. Ian Tiseo (2021): Polycarbonate production capacity worldwide in 2016, by producer. Statista.com. Online verfügbar unter https://www.statista.com/statistics/720476/polycarbonate-global-production-capacity-distribution-by-producer/, zuletzt geprüft am 01.09.2022.
32. Globaldata.com (2022): Polycarbonate industry installed capacity and capital expenditure (CapEx) forecast by region and countries including details of all active plants, planned and announced projects, 2021–2025. Globaldata.com. Online verfügbar unter https://store.globaldata.com/report/polycarbonate-market-analysis/, zuletzt geprüft am 14.07.2022.
33. Eyerer, P.; Hirth, T.; Elsner, P.: Polymer Engineering – Technologien und Praxis. Springer Berlin, Heidelberg, ISBN 9783540724025 (2008).
34. Eggenhuisen, T. M.; Hoeks, T. L. (2022): Degradation mechanisms of aromatic polycarbonate. In: Willem Dirk van Driel und Maryam Yazdan Mehr (Hg.): Reliability of organic compounds in microelectronics and optoelectronics, Bd. 249. Cham: Springer International Publishing, 33–52. https://doi.org/10.1007/978-3-030-81576-9_2.

35. Hutchinson, M. H.; Dorgan, J. R.; Knauss, D. M.; Hait, S. B.: Optical properties of polylactides. J Polym Environ 14 (2) (2006), 119–124. https://doi.org/10.1007/s10924-006-0001-z.
36. Groot, W.; van Krieken, J.; Sliekersl, O.; Vos, S. de (2010): Production and purification of lactic acid and lactide. In: Rafael Auras, Loong-Tak Lim, Susan E. M. Selke und Hideto Tsuji (Hg.): Poly(lactic acid), Bd. 9. Hoboken, NJ: John Wiley & Sons, 1–18. https://doi.org/10.1002/9780470649848.ch1.
37. Auras, R.; Lim, L.-T.; Selke, S. E. M.; Tsuji, H.: Poly(lactic acid). John Wiley & Sons Hoboken, NJ, ISBN 9780470649848 (2010).
38. Dobbin, L.: The collected papers of Carl Wilhelm Scheele. G. Bell & Sons Ltd, London (1931).
39. Castro-Aguirre, E.; Iñiguez-Franco, F.; Samsudin, H.; Fang, X.; Auras, R.: Poly(lactic acid)-Mass production, processing, industrial applications, and end of life. Advanced drug delivery reviews 107 (2016), 333–366. https://doi.org/10.1016/j.addr.2016.03.010.
40. Jiang, X.; Luo, Y.; Tian, X.; Huang, D.; Reddy, N.; Yang, Y. (2010): Chemical structure of poly(lactic acid). In: Rafael Auras, Loong-Tak Lim, Susan E. M. Selke und Hideto Tsuji (Hg.): Poly(lactic acid), Bd. 4. Hoboken, NJ: John Wiley & Sons, 67–82. https://doi.org/10.1002/9780470649848.ch6.
41. Gupta, A. P.; Kumar, V.: New emerging trends in synthetic biodegradable polymers – polylactide: A critique. European Polymer Journal 43 (10) (2007), 4053–4074. https://doi.org/10.1016/j.eurpolymj.2007.06.045.
42. Gonçalves, C. M. B.; Coutinho, J. A. P.; Marrucho, I. M. (2010): Optical properties. In: Rafael Auras, Loong-Tak Lim, Susan E. M. Selke und Hideto Tsuji (Hg.): Poly(lactic acid), Bd. 14. Hoboken, NJ: John Wiley & Sons, 97–112. https://doi.org/10.1002/9780470649848.ch8.
43. Hemmerich, M.; Scholz, R.; Meyer, J.; Walther, F.: Photostability of polylactide with respect to blue LED radiation at very high irradiance and ambient temperature. Materials Today Communications 31 (2022), 103307. https://doi.org/10.1016/j.mtcomm.2022.103307.
44. Liang, Y.; Tang, H.; Zhong, G.; Li, Z.: Formation of poly(L-lactide) mesophase and its chain mobility dependent kinetics. Chin J Polym Sci 32 (9) (2014), 1176–1187. https://doi.org/10.1007/s10118-014-1505-y.
45. Stoclet, G.; Seguela, R.; Lefebvre, J.-M.; Rochas, C.: New insights on the strain-induced mesophase of poly(d, l -lactide): In situ WAXS and DSC study of the thermo-mechanical stability. Macromolecules 43 (17) (2010), 7228–7237. https://doi.org/10.1021/ma101430c.
46. Zhang, T.; Hu, J.; Duan, Y.; Pi, F.; Zhang, J.: Physical aging enhanced mesomorphic structure in melt-quenched poly(L-lactic acid). The journal of physical chemistry. B 115 (47) (2011), 13835–13841. https://doi.org/10.1021/jp2087863.
47. Armentano, I.; Bitinis, N.; Fortunati, E.; Mattioli, S.; Rescignano, N.; Verdejo, R. et al.: Multifunctional nanostructured PLA materials for packaging and tissue engineering. Progress in Polymer Science 38 (10–11) (2013), 1720–1747. https://doi.org/10.1016/j.progpolymsci.2013.05.010.

48. Zhang, J.; Tashiro, K.; Tsuji, H.; Domb, A. J.: Disorder-to-order phase transition and multiple melting behavior of poly(l-lactide) investigated by simultaneous measurements of WAXD and DSC. Macromolecules 41 (4) (2008), 1352–1357. https://doi.org/10.1021/ma0706071.
49. Vacaras, S.; Baciut, M.; Lucaciu, O.; Dinu, C.; Baciut, G.; Crisan, L. et al.: Understanding the basis of medical use of poly-lactide-based resorbable polymers and composites – A review of the clinical and metabolic impact. Drug metabolism reviews 51 (4) (2019), 570–588. https://doi.org/10.1080/03602532.2019.1642911.
50. Ikada, Y.; Tsuji, H.: Biodegradable polyesters for medical and ecological applications. Macromol. Rapid Commun. 21 (3) (2000), 117–132. https://doi.org/10.1002/(SICI)1521-3927(20000201)21:3<117::AID-MARC117>3.0.CO;2-X.
51. Huang, S.; Xue, Y.; Yu, B.; Wang, L.; Zhou, C.; Ma, Y.: A review of the recent developments in the bioproduction of polylactic acid and its precursors optically pure lactic acids. Molecules (Basel, Switzerland) 26 (21) (2021). https://doi.org/10.3390/molecules26216446.
52. Web of Science. Clarivate. Online verfügbar unter https://www.webofknowledge.com, zuletzt geprüft am 17.06.2022.
53. Frost & Sullivan (2020): 2020 annual update of global LED lighting market. Frost & Sullivan.
54. Zissis, G.; Bertoldi, P.; Ribeiro Serrenho, T. (2021): Update on the status of LED-lighting world market since 2018. Publications Office of the European Union, Luxembourg. https://doi.org/10.2760/759859.
55. John P. Bachner (2013): 74% market penetration predicted for white-light LED. National Lighting Bureau. Online verfügbar unter http://edisonreport.com/files/7613/7631/7460/SSL_Energy-Savings_Predictions.pdf, zuletzt geprüft am 01.09.2022.
56. Elliott, C.; Yamada, M.; Penning, J.; Schober, S.; Lee, K. (2019): Energy savings forecast of solid-state lighting in general illumination applications. Navigant Consulting, Inc., Washington, DC (United States). https://doi.org/10.2172/1607661.
57. Morgan Pattison, P.; Hansen, M.; Tsao, J. Y.: LED lighting efficacy: Status and directions. Comptes Rendus Physique 19 (3) (2018), 134–145. https://doi.org/10.1016/j.crhy.2017.10.013.
58. Mottier, P.: LEDs for lighting applications. ISTE Ltd, London, ISBN 978-0-470-61029-9 (2010).
59. Winkler, H.; Bodrogi, P.; Trinh, Q.; Khanh, T. Q.: LED lighting – technology and perception. Wiley-VCH, Weinheim, ISBN 9783527412129 (2015).
60. Vezzoli, C.; Ceschin, F.; Osanjo, L.; M'Rithaa, M. K.; Moalosi, R.; Nakazibwe, V.; Diehl, J. C. (2018): Sustainable product-service system (S.PSS). In: Carlo Vezzoli, Fabrizio Ceschin, Lilac Osanjo, Mugendi K. M'Rithaa, Richie Moalosi, Venny Nakazibwe und Jan Carel Diehl (Hg.): Designing sustainable energy for all, Bd. 221. Cham: Springer International Publishing (Green Energy and Technology), 41–51. https://doi.org/10.1007/978-3-319-70223-0_3.
61. Dzombak, R.; Kasikaralar, E.; Dillon, H. E.: Exploring cost and environmental implications of optimal technology management strategies in the street lighting industry. Resources, Conservation & Recycling: X 6 (2020), 100022. https://doi.org/10.1016/j.rcrx.2019.100022.

62. van Driel, W. D.; Jacobs, B. J. C.; Onushkin, G.; Watte, P.; Zhao, X.; Davis, J. L. (2022): Reliability and failures in solid state lighting systems. In: Willem Dirk van Driel und Maryam Yazdan Mehr (Hg.): Reliability of organic compounds in microelectronics and optoelectronics, Bd. 18. Cham: Springer International Publishing, 211–240. https://doi.org/10.1007/978-3-030-81576-9_7.
63. Turan, B.; Gurbilek, G.; Uyrus, A.; Ergen, S. C. (2018): Vehicular VLC frequency domain channel sounding and characterization. In: 2018 IEEE Vehicular networking conference (VNC). Taipei, Taiwan, 2018: IEEE, 1–8. https://doi.org/10.1109/VNC.2018.8628323.
64. Muhammad, S.; Qasid, S. H. A.; Rehman, S.; Rai, A. B. S.: Visible light communication applications in healthcare. Technology and health care: Official journal of the European Society for Engineering and Medicine 24 (1) (2016), 135–138. https://doi.org/10.3233/THC-151098.
65. Motwani, S. (2020): Tactical drone for point-to-point data delivery using laser-visible light communication (L-VLC). In: 2020 3rd international conference on advanced communication technologies and networking (CommNet). Marrakech, Morocco: IEEE, 1–8. https://doi.org/10.1109/CommNet49926.2020.9199639.
66. Jovicic, A.; Li, J.; Richardson, T.: Visible light communication: Opportunities, challenges and the path to market. IEEE Commun. Mag. 51 (12) (2013), 26–32. https://doi.org/10.1109/MCOM.2013.6685754.
67. Schubert, E. F.; Cho, J.; Kim, J. K. (2005): Light-emitting diodes. In: Kirk-Othmer encyclopedia of chemical technology, Bd. 73. Hoboken, NJ: John Wiley & Sons, 1–20. https://doi.org/10.1002/0471238961.1209070811091908.a01.pub3.
68. Slabke, U.: LED-Beleuchtungstechnik – Grundwissen für Planung, Auswahl und Installation. VDE Verlag, Berlin, ISBN 978-3-8007-4451-0 (2018).
69. Hering, E.; Endres, J.; Gutekunst, J.: Elektronik für Ingenieure und Naturwissenschaftler. 8. Auflage Springer Vieweg Berlin, Heidelberg, ISBN 9783662626979 (2021). https://doi.org/10.1007/978-3-662-62698-6.
70. Khanh, T. Q.: Proceedings of the 11th International Symposium on Automotive Lighting. – ISAL 2015. Technische Universität Darmstadt, Herbert Utz Verlag, München, ISBN 978-3-8316-4481-0 (2015).
71. Kelly, D. H.: Visual responses to time-dependent stimuli* II single-channel model of the photopic visual system. J. Opt. Soc. Am. 51 (7) (1961), 747. https://doi.org/10.1364/JOSA.51.000747.
72. Polin, D.: Flimmereffekte von pulsweiten modulierter LED Beleuchtung. Dissertation, Technische Universität Darmstadt (2015).
73. Wang, Y.; Wu, X.; Hou, Y.; Cheng, P.; Liang, Y.; Li, L.: Full-range LED dimming driver with ultrahigh frequency PWM shunt dimming control. IEEE Access 8 (2020), 79695–79707. https://doi.org/10.1109/ACCESS.2020.2990400.
74. Polin, D. (2014): Physiologische Effekte bei PWM-gesteuerter LED-Beleuchtung im Automobil. In: Forschungsvereinigung Automobiltechnik (FAT), Bd. 270.
75. Polin, D.; Khanh, T. Q.: Flimmern und stroboskopische Effekte von PWM-gesteuerten LED-Autoscheinwerfern – LiTG-Fachgebiet Fahrzeugbeleuchtung Deutsche Lichttechnische Gesellschaft e.V Berlin, ISBN 978-3-927787-59-9 (2017) ([LiTG-Publikation], 35).

76. Chiu, H.-J.; Lo, Y.-K.; Lin, Y.-L.; Jane, G.-C.: A cost-effective PWM dimming method for LED lighting applications. Int. J. Circ. Theor. Appl. 43 (3) (2015), 307–317. https://doi.org/10.1002/cta.1940.
77. De Groot, T.; Vos, T.; Vogels, R. J. M. J.; van Driel, W. D. (2013): Quality and reliability in solid-state lighting. In: Willem Dirk van Driel und Xuejiao Fan (Hg.): Solid state lighting reliability, Bd. 22. New York, NY: Springer New York, 1–11. https://doi.org/10.1007/978-1-4614-3067-4_1.
78. Trevisanello, L.; Meneghini, M.; Mura, G.; Vanzi, M.; Pavesi, M.; Meneghesso, G.; Zanoni, E.: Accelerated life test of high brightness light emitting diodes. IEEE Trans. Device Mater. Relib. 8 (2) (2008), 304–311. https://doi.org/10.1109/TDMR.2008.919596.
79. Jung, E.; Ryu, J. H.; Hong, C. H.; Kim, H.: Optical degradation of phosphor-converted white GaN-based light-emitting diodes under electro-thermal stress. J. Electrochem. Soc. 158 (2) (2011), H132. https://doi.org/10.1149/1.3524285.
80. Meneghini, M.; Trevisanello, L.; Sanna, C.; Mura, G.; Vanzi, M.; Meneghesso, G.; Zanoni, E.: High temperature electro-optical degradation of InGaN/GaN HBLEDs. Microelectronics Reliability 47 (9–11) (2007), 1625–1629. https://doi.org/10.1016/j.microrel.2007.07.081.
81. Chang, M.-H.; Das, D.; Varde, P. V.; Pecht, M.: Light emitting diodes reliability review. Microelectronics Reliability 52 (5) (2012), 762–782. https://doi.org/10.1016/j.microrel.2011.07.063.
82. Yazdan Mehr, M.; van Driel, W. D.; Jansen, K.; Deeben, P.; Boutelje, M.; Zhang, G. Q.: Photodegradation of bisphenol A polycarbonate under blue light radiation and its effect on optical properties. Optical Materials 35 (3) (2013), 504–508. https://doi.org/10.1016/j.optmat.2012.10.001.
83. Yazdan Mehr, M.; Bahrami, A.; van Driel, W. D.; Fan, X. J.; Davis, J. L.; Zhang, G. Q.: Degradation of optical materials in solid-state lighting systems. International Materials Reviews 65 (2) (2020), 102–128. https://doi.org/10.1080/09506608.2019.1565716.
84. Yazdan Mehr, M.; van Driel, W. D.; Zhang, G. Q. (2022): Degradation and failures of polymers used in light-emitting diodes. In: Willem Dirk van Driel und Maryam Yazdan Mehr (Hg.): Reliability of organic compounds in microelectronics and optoelectronics, Bd. 43. Cham: Springer International Publishing, 241–257. https://doi.org/10.1007/978-3-030-81576-9_8.
85. Lehndorff, T.; Abelein, U.; Alsioufy, A.; Hirler, A.; Sulima, T.; Simon, S. et al.: Extended lifetime qualification concepts for automotive semiconductor components. Universitätsbibliothek der Bundeswehr München, München (2020).
86. DIN EN IEC 60809: Lampen und Lichtquellen für Straßenfahrzeuge – Maße, elektrische und lichttechnische Anforderungen. Beuth Verlag, Berlin (2022).
87. DIN EN IEC 60810: Lampen, Lichtquellen und LED-Packages für Straßenfahrzeuge – Anforderungen an die Arbeitsweise. Beuth Verlag, Berlin (2020).
88. AEC Q102 Rev A: Failure mechanism based stress test qualification for optoelectronic semiconductors in automotive applications. Automotive Electronics Council (2020).
89. SAE J 3014: Highly accelerated failure test (HAFT) for automotive lamps with LED assembly. Society of Automotive Engineers (2018).

90. Güney, E.; Alper, M.; Hacıismailoğlu, M.: Optical design of light guide prisms with surface roughness for automotive tail lights. Proceedings of the Institution of Mechanical Engineers, Part D: Journal of Automobile Engineering 234 (9) (2020), 2393–2401. https://doi.org/10.1177/0954407020907209.
91. Mueller-Mach, R.; Mueller, G. O.; Krames, M. R.; Trottier, T.: High-power phosphor-converted light-emitting diodes based on III-Nitrides. IEEE J. Select. Topics Quantum Electron. 8 (2) (2002), 339–345. https://doi.org/10.1109/2944.999189.
92. Meyer, J.; Tappe, F.: Photoluminescent materials for solid-state lighting: State of the art and future challenges. Advanced Optical Materials 3 (4) (2015), 424–430. https://doi.org/10.1002/adom.201400511.
93. Interne Kommunikation; HELLA GmbH & Co. KGaA: Anforderungen an die Beständigkeit optischer Komponenten gegen Vergilbung (2022).
94. Ehrenstein, G. W.; Pongratz, S.: Beständigkeit von Kunststoffen. Hanser, München, ISBN 978-3-446-21851-2 (2007).
95. DIN 50035: Begriffe auf dem Gebiet der Alterung von Materialien – Polymere Werkstoffe. Beuth Verlag, Berlin (2012).
96. Rabek, J. F.: Polymer photodegradation – Mechanisms and experimental methods. Springer Netherlands, Dordrecht, ISBN 978-94-010-4556-8 (2012).
97. Rivaton, A.: Recent advances in bisphenol-A polycarbonate photodegradation. Polymer Degradation and Stability 49 (1) (1995), 163–179. https://doi.org/10.1016/0141-3910(95)00069-X.
98. Pickett, J. E.: Influence of photo-Fries reaction products on the photodegradation of bisphenol-A polycarbonate. Polymer Degradation and Stability 96 (12) (2011), 2253–2265. https://doi.org/10.1016/j.polymdegradstab.2011.08.016.
99. Diepens, M.; Gijsman, P.: Influence of light intensity on the photodegradation of bisphenol A polycarbonate. Polymer Degradation and Stability 94 (1) (2009), 34–38. https://doi.org/10.1016/j.polymdegradstab.2008.10.003.
100. Diepens, M.; Gijsman, P.: Photodegradation of bisphenol A polycarbonate. Polymer Degradation and Stability 92 (3) (2007), 397–406. https://doi.org/10.1016/j.polymdegradstab.2006.12.003.
101. Bocchini, S.; Frache, A.: Comparative study of filler influence on polylactide photooxidation. Express Polym. Lett. 7 (5) (2013), 431–442. https://doi.org/10.3144/expresspolymlett.2013.40.
102. Gardette, M.; Thérias, S.; Gardette, J.-L.; Murariu, M.; Dubois, P.: Photooxidation of polylactide/calcium sulphate composites. Polymer Degradation and Stability 96 (4) (2011), 616–623. https://doi.org/10.1016/j.polymdegradstab.2010.12.023.
103. Ikada, E.: Photo- and bio-degradable polyesters. Photodegradation behaviors of aliphatic polyesters. J. Photopol. Sci. Technol. 10 (2) (1997), 265–270. https://doi.org/10.2494/photopolymer.10.265.
104. Copinet, A.; Bertrand, C.; Govindin, S.; Coma, V.; Couturier, Y.: Effects of ultraviolet light (315 nm), temperature and relative humidity on the degradation of polylactic acid plastic films. Chemosphere 55 (5) (2004), 763–773. https://doi.org/10.1016/j.chemosphere.2003.11.038.
105. Bocchini, S.; Fukushima, K.; Di Blasio, A.; Fina, A.; Frache, A.; Geobaldo, F.: Polylactic acid and polylactic acid-based nanocomposite photooxidation. Biomacromolecules 11 (11) (2010), 2919–2926. https://doi.org/10.1021/bm1006773.

106. Lu, G.; Yazdan Mehr, M.; van Driel, W. D.; Fan, X.; Fan, J.; Jansen, K.; Zhang, G. Q.: Color shift investigations for LED secondary optical designs: Comparison between BPA-PC and PMMA. Optical Materials 45 (2015), 37–41. https://doi.org/10.1016/j.optmat.2015.03.005.
107. Lu, G.; van Driel, W. D.; Fan, X.; Yazdan Mehr, M.; Fan, J.; Qian, C. et al.: Colour shift and mechanism investigation on the PMMA diffuser used in LED-based luminaires. Optical Materials 54 (3) (2016), 282–287. https://doi.org/10.1016/j.optmat.2016.02.023.
108. Sikora, A.; Tomczuk, K.: Impact of the LED-based light source working regime on the degradation of polymethyl methacrylate. Lighting Research & Technology 52 (1) (2019), 94–105. https://doi.org/10.1177/1477153519836131.
109. Gardette, M.; Perthue, A.; Gardette, J.-L.; Janecska, T.; Földes, E.; Pukánszky, B.; Therias, S.: Photo- and thermal-oxidation of polyethylene: Comparison of mechanisms and influence of unsaturation content. Polymer Degradation and Stability 98 (11) (2013), 2383–2390. https://doi.org/10.1016/j.polymdegradstab.2013.07.017.
110. Bourgogne, D.; Therias, S.; Gardette, J.-L.: Wavelength effect on polymer photooxidation under LED weathering conditions. Polymer Degradation and Stability 202 (2022), 110021. https://doi.org/10.1016/j.polymdegradstab.2022.110021.
111. Yazdan Mehr, M.; Toroghinejad, M. R.; Karimzadeh, F.; van Driel, W. D.; Zhang, G. Q.: Reliability and diffusion-controlled through thickness oxidation of optical materials in LED-based products. Microelectronics Reliability 78 (2017), 143–147. https://doi.org/10.1016/j.microrel.2017.08.014.
112. Yazdan Mehr, M.; van Driel, W. D.; Koh, S.; Zhang, G. Q.: Reliability and optical properties of LED lens plates under high temperature stress. Microelectronics Reliability 54 (11) (2014), 2440–2447. https://doi.org/10.1016/j.microrel.2014.05.003.
113. Yazdan Mehr, M.: Organic materials degradation in solid state lighting applications. Dissertation, Technische Universität Delft (2015).
114. Yazdan Mehr, M.; van Driel, W. D.; Udono, H.; Zhang, G. Q.: Surface aspects of discolouration in bisphenol A polycarbonate (BPA-PC), used as lens in LED-based products. Optical Materials 37 (2014), 155–159. https://doi.org/10.1016/j.optmat.2014.05.015.
115. Yazdan Mehr, M.; Toroghinejad, M. R.; Karimzadeh, F.; van Driel, W. D.; Zhang, G. Q.: A review on discoloration and high accelerated testing of optical materials in LED based-products. Microelectronics Reliability 81 (2018), 136–142. https://doi.org/10.1016/j.microrel.2017.12.023.
116. Gandhi, K.; Hein, C. L.; van Heerbeek, R.; Pickett, J. E.: Acceleration parameters for polycarbonate under blue LED photo-thermal aging conditions. Polymer Degradation and Stability 164 (2019), 69–74. https://doi.org/10.1016/j.polymdegradstab.2019.04.001.
117. Baltscheit, J.; Schmidt, N.; Schröder, F.; Meyer, J.: Investigations on the aging behavior of transparent bioplastics for optical applications. InfoMat 2 (2) (2020), 424–433. https://doi.org/10.1002/inf2.12065.
118. Tsuji, H.; Echizen, Y.; Nishimura, Y.: Photodegradation of biodegradable polyesters: A comprehensive study on poly(l-lactide) and poly(ε-caprolactone). Polymer Degradation and Stability 91 (5) (2006), 1128–1137. https://doi.org/10.1016/j.polymdegradstab.2005.07.007.

119. Tsuji, H.; Echizen, Y.; Nishimura, Y.: Enzymatic degradation of poly(l-lactic acid): Effects of UV irradiation. J Polym Environ 14 (3) (2006), 239–248. https://doi.org/10.1007/s10924-006-0023-6.
120. Diepens, M.: Photodegradation and stability of bisphenol a polycarbonate in weathering conditions. Dissertation, Technische Universität Eindhoven (2009). https://doi.org/10.6100/IR642300.
121. Andrady, A. L.; Searle, N. D.; Crewdson, L. F.: Wavelength sensitivity of unstabilized and UV stabilized polycarbonate to solar simulated radiation. Polymer Degradation and Stability 35 (3) (1992), 235–247. https://doi.org/10.1016/0141-3910(92)90031-Y.
122. Yazdan Mehr, M.; van Driel, W. D.; Jansen, K.; Deeben, P.; Boutelje, M.; Zhang, G. Q.: Photodegradation of bisphenol A polycarbonate under blue light radiation and its effect on optical properties. Optical Materials 35 (3) (2013), 504–508. https://doi.org/10.1016/j.optmat.2012.10.001.
123. Factor, A.; Chu, M. L.: The role of oxygen in the photo-ageing of bisphenol-A polycarbonate. Polymer Degradation and Stability 2 (3) (1980), 203–223. https://doi.org/10.1016/0141-3910(80)90029-4.
124. Lemaire, J.; Gardette, J.-L.; Rivaton, A.; Roger, A.: Dual photo-chemistries in aliphatic polyamides, bisphenol A polycarbonate and aromatic polyurethanes – A short review. Polymer Degradation and Stability 15 (1) (1986), 1–13. https://doi.org/10.1016/0141-3910(86)90002-9.
125. Belbachir, S.; Zaïri, F.; Ayoub, G.; Maschke, U.; Naït-Abdelaziz, M.; Gloaguen, J. M. et al.: Modelling of photodegradation effect on elastic–viscoplastic behaviour of amorphous polylactic acid films. Journal of the Mechanics and Physics of Solids 58 (2) (2010), 241–255. https://doi.org/10.1016/j.jmps.2009.10.003.
126. Bell, A. G.: On the production and reproduction of sound by light. Proceedings of the American Association for the Advancement of Science 29 (115) (1881).
127. Paltauf, G.; Dyer, P. E.: Photomechanical processes and effects in ablation. Chemical reviews 103 (2) (2003), 487–518. https://doi.org/10.1021/cr010436c.
128. Bäumler, W.; Weiß, K. T.: Laser assisted tattoo removal – state of the art and new developments. Photochemical & photobiological sciences: Official journal of the European Photochemistry Association and the European Society for Photobiology 18 (2) (2019), 349–358. https://doi.org/10.1039/c8pp00416a.
129. Hsu, V. M.; Aldahan, A. S.; Mlacker, S.; Shah, V. V.; Nouri, K.: The picosecond laser for tattoo removal. Lasers in medical science 31 (8) (2016), 1733–1737. https://doi.org/10.1007/s10103-016-1924-9.
130. Turtoi, M.; Nicolau, A.: Intense light pulse treatment as alternative method for mould spores destruction on paper-polyethylene packaging material. Journal of Food Engineering 83 (1) (2007), 47–53. https://doi.org/10.1016/j.jfoodeng.2006.11.017.
131. Ren, T.; He, W.; Li, Y.; Grosh, K.; Fridberger, A.: Light-induced vibration in the hearing organ. Scientific reports 4 (2014), 5941. https://doi.org/10.1038/srep05941.
132. Curley, M. J.: Light-driven actuators based on polymer films. Opt. Eng 45 (3) (2006), 34302. https://doi.org/10.1117/1.2185093.
133. Scanning Probe Microscopy (2013). In: Yang Leng (Hg.): Materials characterization. Weinheim, Germany: Wiley-VCH Verlag GmbH & Co. KGaA, 163–189. https://doi.org/10.1002/9783527670772.ch5.

134. Kulkarni, S. K. (2015): Analysis techniques. In: Sulabha K. Kulkarni (Hg.): Nanotechnology: Principles and practices. Cham: Springer International Publishing, 135–197. https://doi.org/10.1007/978-3-319-09171-6_7.
135. Kroschel, K.: Laser doppler vibrometry for non-contact diagnostics. Springer, Cham, ISBN 978-3-030-46690-9 (2020).
136. Pfeifer, H.; Sasse, H. R.; Schrage I.: Beurteilungsmaßstäbe für die Alterung von Kunststoffen in Bauwerken. Kunststoffe (69) (1979), 411–415.
137. DIN EN ISO 105: Textilien – Farbechtheitsprüfungen. Beuth Verlag, Berlin (2014).
138. Ikada, E.: Role of the molecular structure in the photodecomposition of polymers. J. Photopol. Sci. Technol. 6 (1) (1993), 115–122. https://doi.org/10.2494/photopolymer.6.115.
139. Schmid, M.; Ritter, A.; Affolter, S.: Determination of oxidation induction time and temperature by DSC. Journal of Thermal Analysis and Calorimetry 83 (2) (2006), 367–371. https://doi.org/10.1007/s10973-005-7142-5.
140. DIN EN ISO 11357–6: Kunststoffe – Dynamische Differenz-Thermoanalyse (DSC) – Teil 6: Bestimmung der Oxidations-Induktionszeit (isothermische OIT) und Oxidations-Induktionstemperatur (dynamische OIT). Beuth Verlag, Berlin (2018).
141. Schmidt, N.: Phase transformation behaviour of polylactide probed by small angle light scattering. Dissertation, Universität Paderborn (2020). https://doi.org/10.17619/UNIPB/1-887.
142. Turton, T. J.; White, J. R.: Degradation depth profiles and fracture of UV exposed polycarbonate. Plastics, Rubber and Composites 30 (4) (2001), 175–182. https://doi.org/10.1179/146580101101541606.
143. Weibin, G.; Shimin, H.; Minjiao, Y.; long, J.; Yi, D.: The effects of hydrothermal aging on properties and structure of bisphenol A polycarbonate. Polymer Degradation and Stability 94 (1) (2009), 13–17. https://doi.org/10.1016/j.polymdegradstab.2008.10.015.
144. Bartolomeo, P.; Irigoyen, M.; Aragon, E.; Frizzi, M. A.; Perrin, F. X.: Dynamic mechanical analysis and Vickers micro hardness correlation for polymer coating UV ageing characterisation. Polymer Degradation and Stability 72 (1) (2001), 63–68. https://doi.org/10.1016/S0141-3910(00)00203-2.
145. Monnier, X.; Delpouve, N.; Saiter-Fourcin, A.: Distinct dynamics of structural relaxation in the amorphous phase of poly(l-lactic acid) revealed by quiescent crystallization. Soft matter 16 (13) (2020), 3224–3233. https://doi.org/10.1039/C9SM02541C.
146. Yousif, E.; Haddad, R.: Photodegradation and photostabilization of polymers, especially polystyrene: Review. SpringerPlus 2 (2013), 398. https://doi.org/10.1186/2193-1801-2-398.
147. Skoog, D. A.; Leary, J. J.: Instrumentelle Analytik – Grundlagen – Geräte – Anwendungen. Springer Berlin, Heidelberg, ISBN 3540604502 (1996).
148. Yadav, L. D. S. (2005): Ultraviolet (UV) and visible spectroscopy. In: Lal Dahr Singh Yadav (Hg.): Organic spectroscopy. Springer Niederlande, Dordrecht, Niederlande, 7–51. https://doi.org/10.1007/978-1-4020-2575-4_2.
149. Hesse, M.; Meier, H.; Zeeh, B.: Spektroskopische Methoden in der organischen Chemie. 7. Aufl. Thieme, Stuttgart, ISBN 978–3135761077 (2005).
150. Hinderer, F.: UV/Vis-Absorptions- und Fluoreszenz-Spektroskopie. Springer Fachmedien Wiesbaden, Wiesbaden, ISBN 978-3-658-25440-7 (2020).

151. Schnippering, S.: Untersuchung des Streuverhaltens von Oberflächen spritzgegossener Polycarbonatproben bei Photodegradationsexperimenten mit LED-Strahlung im blauen Spektralbereich. Bachelorarbeit, Hochschule Hamm-Lippstadt (2022).
152. Hentschel, H.-J.: Licht und Beleuchtung – Grundlagen und Anwendungen der Lichttechnik. Hüthig, Heidelberg, ISBN 3778528173 (2002).
153. DIN 5032-1: Lichtmessung – Teil 1: Photometrische Verfahren. Beuth Verlag, Berlin (1999).
154. DIN 6167: Beschreibung der Vergilbung von nahezu weißen oder nahezu farblosen Materialien. Beuth Verlag, Berlin (1980).
155. Parson, W. W.: Modern optical spectroscopy. Springer Berlin, Heidelberg, ISBN 978-3-540-95895-6 (2007).
156. Barth, A.: Infrared spectroscopy of proteins. Biochimica et biophysica acta 1767 (9) (2007), 1073–1101. https://doi.org/10.1016/j.bbabio.2007.06.004.
157. Pedrotti, F. L.: Optik für Ingenieure. 3., bearb. und aktualisierte Aufl. Springer Berlin, Heidelberg, ISBN 3-540-22813-6 (2005).
158. Bienz, S.; Bigler, L.; Fox, T.; Meier, H.: Spektroskopische Methoden in der organischen Chemie. 9., überarbeitete und erweiterte Auflage Georg Thieme Verlag Stuttgart, New York, ISBN 3135761096 (2016).
159. Jernelv, I. L.; Milenko, K.; Fuglerud, S. S.; Hjelme, D. R.; Ellingsen, R.; Aksnes, A.: A review of optical methods for continuous glucose monitoring. Applied Spectroscopy Reviews 54 (7) (2019), 543–572. https://doi.org/10.1080/05704928.2018.1486324.
160. Le, C. C.; Wismer, M. K.; Shi, Z.-C.; Zhang, R.; Conway, D. V.; Li, G. et al.: A general small-scale reactor to enable standardization and acceleration of photocatalytic reactions. ACS central science 3 (6) (2017), 647–653. https://doi.org/10.1021/acscentsci.7b00159.
161. CIE 85: Solar spectral irradiance. International Commission on Illumination (CIE) (1989).
162. CIE 241: Recommended reference solar spectra for industrial applications. Beuth Verlag, Berlin (2020).
163. Yazdan Mehr, M.; van Driel, W. D.; Zhang, G. Q.: Reliability and lifetime prediction of remote phosphor plates in solid-state lighting applications using accelerated degradation testing. Journal of Electronic Materials 45 (1) (2016), 444–452. https://doi.org/10.1007/s11664-015-4120-y.
164. Hemmerich, M.; Meyer, J.; Walther, F.: Advanced test setup for accelerated aging of plastics by visible LED radiation. Materials 13 (19) (2020), 4261. https://doi.org/10.3390/ma13194261.
165. Citizen, CITILED COB Series Blue Model, CLU048-1818C4-B455-XX, Datenblatt (2010). Online verfügbar unter https://ce.citizen.co.jp/cms/ce/lighting_led/dl_data/COB_Blue/datasheet/Blue_CLU048-1818C4-B455-XX-0877P-202205.pdf, zuletzt geprüft am 01.09.2022.
166. Bargel, H.-J.; Schulze, G.: Werkstoffkunde. 10. Aufl. 2008 Springer Berlin, Heidelberg, ISBN 9783540792963 (2008).
167. Hemmerich, M.; Klein, D. A.; Meyer, J.; Walther, F.: Durability of the optical plastic polycarbonate under modulated blue LED irradiation at different duty cycles. Optical Materials 131 (2022), 112713. https://doi.org/10.1016/j.optmat.2022.112713.

168. DIN EN 62471: Photobiologische Sicherheit von Lampen und Lampensystemen. Beuth Verlag, Berlin (2019).
169. Brölemann, L.: Anwendung und Überwachung eines pulsgesteuerten Bestrahlungsmoduls für Daueralterungstests von Kunststoffen. Bachelorarbeit, Hochschule Hamm-Lippstadt (2021).
170. DIN EN ISO 13468-1: Kunststoffe – Bestimmung des Gesamtlichttransmissionsgrades von transparenten Materialien. Beuth Verlag, Berlin (2019).
171. DIN EN ISO 179-1: Kunststoffe – Bestimmung der Charpy-Schlageigenschaften. Beuth Verlag, Berlin (2010).
172. Idemitsu Kosan Co., Ltd, TARFLON LC1500, Datenblatt (2015). Online verfügbar unter http://www.idemitsu-chemicals.de/images/TARFLON_LC1500_Data_Sheet_ISO_EN.pdf, zuletzt geprüft am 13.04.2022.
173. Corbion purac, Luminy L130, Datenblatt (2016). Online verfügbar unter https://www.corbion.com/media/442344/pds-luminy-l130.pdf, zuletzt geprüft am 01.09.2022.
174. DIN EN 16785-1: Biobasierte Produkte – Biobasierter Gehalt – Teil 1: Bestimmung des biobasierten Gehalts unter Verwendung der Radiokarbon- und Elementaranalyse. Beuth Verlag, Berlin (2016).
175. DIN 1349: Durchgang optischer Strahlung durch Medien – Optisch klare Stoffe, Größen, Formelzeichen und Einheiten. Beuth Verlag, Berlin (1972).
176. DIN 5036-3: Strahlungsphysikalische und lichttechnische Eigenschaften von Materialien – Meßverfahren für lichttechnische und spektrale strahlungsphysikalische Kennzahlen. Beuth Verlag, Berlin (1979).
177. DIN 5033-9: Farbmessung – Teil 9: Weißstandard zur Kalibrierung in Farbmessung und Photometrie. Beuth Verlag, Berlin (2018).
178. Santonja-Blasco, L.; Ribes-Greus, A.; Alamo, R. G.: Comparative thermal, biological and photodegradation kinetics of polylactide and effect on crystallization rates. Polymer Degradation and Stability 98 (3) (2013), 771–784. https://doi.org/10.1016/j.polymdegradstab.2012.12.012.
179. DIN ISO 14577-1:2015: Metallische Werkstoffe – Instrumentierte Eindringprüfung zur Bestimmung der Härte und anderer Werkstoffparameter. Beuth Verlag, Berlin (2015).
180. Preutenborbeck, M.: Ermittlung von Oberflächentemperaturen in einem Photoreaktor für die Alterung von Polymeren. Projektarbeit, Hochschule Hamm-Lippstadt (2019).
181. Baer, R.; Barfuß, M.; Seifert, D.: Beleuchtungstechnik. Deutsche Lichttechnische Gesellschaft. 4. Auflage Huss-Medien GmbH, Berlin, ISBN 978-3-341-016343 (2016).
182. Gall, D.: Grundlagen der Lichttechnik – Kompendium. 2. Aufl. Pflaum, Berlin, ISBN 978-3-7905-0956-4 (op. 2007) (Licht und Beleuchtung).
183. Jahns, J.: Photonik – Grundlagen, Komponenten und Systeme. Oldenbourg, München, ISBN 3-486-25425-1 (2009). https://doi.org/10.1524/9783486593846.
184. Hansen, N.: Konzeption und Realisierung der Temperierung von Lichtquellen und Probenkammern für einen Photodegradationsprüfstand. Bachelorarbeit, Hochschule Hamm-Lippstadt (2018).
185. DIAL GmbH (2022): DIALux – LUMsearch. Online verfügbar unter https://lumsearch.com, zuletzt aktualisiert am 10.09.2022.
186. Zhao, X. J.; Cai, Y. X.; Wang, J.; Li, X. H.; Zhang, C.: Thermal model design and analysis of the high-power LED automotive headlight cooling device. Applied Thermal

Engineering 75 (4) (2015), 248–258. https://doi.org/10.1016/j.applthermaleng.2014.09.066.
187. Jae Kyung, K.; Young shin, K.; Euy Sik, J.: Thermal analysis of thermal conductivity of headlamp reflectors. International Journal of Applied Engineering Research 2017 (12) (2017), 15107–15111.
188. AEC Q100 – Rev-H: Failure mechanism based stress test qualification for integrated circuits. Automotive Electronics Council (2014).
189. Interne Kommunikation; HELLA GmbH & Co. KGaA: Modulationsfrequenzen von PWM-angesteuerten Scheinwerfern und Heckleuchten (2022).
190. Svilainis, L.: LED PWM dimming linearity investigation. Displays 29 (3) (2008), 243–249. https://doi.org/10.1016/j.displa.2007.08.006.
191. Haigh, P. A.; Bausi, F.; Ghassemlooy, Z.; Papakonstantinou, I.; Le Minh, H.; Fléchon, C.; Cacialli, F.: Visible light communications: Real time 10 Mb/s link with a low bandwidth polymer light-emitting diode. Optics express 22 (3) (2014), 2830–2838. https://doi.org/10.1364/OE.22.002830.
192. Martínez Ciro, R.; López Giraldo, F.; Betancur Perez, A.; Luna Rivera, M.: Characterization of light-to-frequency converter for visible light communication systems. Electronics 7 (9) (2018), 165. https://doi.org/10.3390/electronics7090165.
193. Osram GmbH, LUW HWQP, Datenblatt (2020). Online verfügbar unter https://dammedia.osram.info/media/resource/hires/osram-dam-5710564/LUW%20HWQP_EN.pdf, zuletzt geprüft am 15.07.2022.
194. Eudenbach, R.: Analyse von Abbaumechanismen bei der Photodegradation von Polycarbonat mit Hilfe thermoanalytischer (DSC) und spektroskopischer (EPR, UV-vis, IR) Verfahren. Bachelorarbeit, Hochschule Hamm-Lippstadt (2020).
195. Interne Kommunikation; Saha, S.: Spritzgussparameter für den Spritzguss von Polylactid. Hochschule Hamm-Lippstadt (2019).
196. Hemmerich, M.; Saha, S.; Latein, C.; Meyer, J.; Walther, F. (2021): Manufacture and evaluation of transparent optical components for luminaires made from the bio-plastic polylactide. In: Deutsche Lichttechnische Gesellschaft (Hg.): Licht 2021. Tagungsband zum 24. Europäischen Lichtkongress. 1. Auflage. Berlin: Deutsche Lichttechnische Gesellschaft e.V. (LITG), 634–647, ISBN 978-3-927787-98-8.
197. Yazdan Mehr, M.; van Driel, W. D.; Zhang, G. Q.: Progress in understanding color maintenance in solid-state lighting systems. Engineering 1 (2) (2015), 170–178. https://doi.org/10.15302/J-ENG-2015035.
198. Rivaton, A.; Sallet, D.; Lemaire, J.: The photo-chemistry of bisphenol-A polycarbonate reconsidered: Part 2 – FTIR analysis of the solid-state photo-chemistry in 'dry' conditions. Polymer Degradation and Stability 14 (1) (1986), 1–22. https://doi.org/10.1016/0141-3910(86)90018-2.
199. Rivaton, A.; Sallet, D.; Lemaire, J.: The photochemistry of bisphenol-A polycarbonate reconsidered. Polymer Photochemistry 3 (6) (1983), 463–481. https://doi.org/10.1016/0144-2880(83)90102-1.
200. Meaurio, E.; López-Rodríguez, N.; Sarasua, J. R.: Infrared spectrum of poly(l - lactide): Application to crystallinity studies. Macromolecules 39 (26) (2006), 9291–9301. https://doi.org/10.1021/ma061890r.

201. Zhang, J.; Tsuji, H.; Noda, I.; Ozaki, Y.: Weak intermolecular interactions during the melt crystallization of poly(l -lactide) investigated by two-dimensional infrared correlation spectroscopy. J. Phys. Chem. B 108 (31) (2004), 11514–11520. https://doi.org/10.1021/jp048308q.
202. Krikorian, V.; Pochan, D. J.: Crystallization behavior of poly(l -lactic acid) nanocomposites: Nucleation and growth probed by infrared spectroscopy. Macromolecules 38 (15) (2005), 6520–6527. https://doi.org/10.1021/ma050739z.
203. Cui, L.; Imre, B.; Tátraaljai, D.; Pukánszky, B.: Physical ageing of poly(lactic acid): Factors and consequences for practice. Polymer 186 (2020), 122014. https://doi.org/10.1016/j.polymer.2019.122014.
204. Monnier, X.; Saiter, A.; Dargent, E.: Physical aging in PLA through standard DSC and fast scanning calorimetry investigations. Thermochimica Acta 648 (2017), 13–22. https://doi.org/10.1016/j.tca.2016.12.006.
205. Hemmerich, M.; Meyer, J.; Walther, F. (2020): Evaluierung des erneuerbaren Biokunststoffs Polylactid für optische Elemente in Beleuchtungssystemen. In: Julia Beate Langer und Michael Wächter (Hg.): Tagung Werkstoffprüfung 2020. Werkstoffe und Bauteile auf dem Prüfstand. Berlin, 237–242. https://doi.org/10.48447/WP-2020-050.
206. Timóteo, G.; Fechine, G.; Rabello, M. S.: Stress cracking and photodegradation behavior of polycarbonate. The combination of two major causes of polymer failure. Polym. Eng. Sci. 48 (10) (2008), 2003–2010. https://doi.org/10.1002/pen.21067.
207. Osswald, T. A.; Baur, E.; Rudolph, N. S.: Plastics handbook – the resource for plastics engineers. 5th edition Hanser Publications Cincinnati, Ohio, ISBN 1569905592 (2019).
208. Incropera, F. P.: Fundamentals of heat and mass transfer. 6. ed. Wiley Hoboken, NJ, ISBN 978-0-471-45728-2 (2007).
209. Massoud, M.: Engineering thermofluids – thermodynamics, fluid mechanics, and heat transfer. Springer Berlin, Heidelberg, ISBN 978-3-540-22292-7 (2005).
210. Cheng, H. L.; Chang, Y. N.; Cheng, C. A.; Chang, C. H.; Lin, Y. H.: High-power-factor dimmable LED driver with low-frequency pulse-width modulation. IET Power Electronics 9 (10) (2016), 2139–2146. https://doi.org/10.1049/iet-pel.2015.0664.
211. Interne Kommunikation; Ramesohl, A.: Entwicklung einer Modulationselektronik für LEDs. Hochschule Hamm-Lippstadt (2020).

Printed in the United States
by Baker & Taylor Publisher Services